KB151030

origins of *form*

자연 그리고 인간이 만든 모양의 탄생과 진화

형태의 기원

크리스토퍼 윌리엄스 지음

고현석 옮김

origins of *form*

THE SHAPE OF NATURAL AND MAN-MADE THINGS

이데아

가장 단순한 진실과 가장 위대한 영감의 원천은 바로 우리 주변에 존재한다. 담장 너머에서, 숲속에서, 거리의 공터에서 우리는 이런 진실을 발견하고 영감을 얻을 수 있다. 우리가 무언가를 만들어낼 때 영감을 얻는 곳도 바로 우리 주변이다.

우리 시대의 위대한 건축가, 예술가, 디자이너, 발명가들은 현재의 유행이나 스타일이 아니라 우리가 사는 자연 세계를 지배하는 하나의 포괄적인 법칙에 주목한다.

이 책에서 나는 사물의 형태를 지배하는 자연법칙에 관한 생각을 간략하게 설명한다. 나무, 산, 우리가 앉는 의자 등 물질적 세계에 속한 모든 것은 100여 개에 불과한 원소, 즉 철·비스무트·금·리튬·텅스텐 같은 원소로 구성된다. 우리가 앉는 의자를 만드는 나무 같은 기본적인 물질은 이 원소들의 조합으로 거의 무한대로 만들어지며, 우리의 손을 거쳐 우리에게 필요한 형태를 갖추게 된다. 이 과정에서도 무한대에 가까운 요소들이 영향을 미쳐 다양한 결과물이 생성된다. 영어의 법칙이 알파벳 스물여섯 자를 의미 있는 단어·문장·생각으로 만들듯이, 자연법칙은 우리가 사는 물리적 세계를 구성하는 이 원소들이 의미 있는 형태를 이루는 과정을 지배한다. 따라서 언어든 사물이든, 구성 요소들이 가장 잘 조합될 수 있는 방식을 이해하는 것이 매우 중요하다.

'구축된 환경' 안에서 점점 더 고립될수록 우리는 장벽 너머를 보면서 우리에게 가르침과 영감을 주는 것이 무엇인지 더욱더 깊이 생각해야 한다.

2012년, 캘리포니아 빅서에서
크리스토퍼 윌리엄스

세 번째 대학자가 말했다. "생명체의 형태라고 보기는 힘들 것 같습니다. 민첩성, 나무를 타는 능력, 땅에 구멍을 파는 능력으로 볼 때 생명을 보존하거나 적을 피할 수단을 가지고 있지 않은 것으로 보입니다. 이것이 살아 있는 동물이라면 자연이 가끔 실수를 한다는 것을 인정해야 합니다."

"그렇습니다. 자연이 만들어낸 별종이라고 봐야 합니다." 대학자들은 입을 모아 이렇게 말하고는 왕에게 절을 하고 물러났다.

– 조너선 스위프트 Jonathan Swift**의 《걸리버 여행기》 중 거인국에 간 걸리버의 정체를 파악하기 위해 거인국 학자들이 토론하는 장면**

지구에서 생명체는 30억~50억 년 전 어떤 시점에 차가운 바다 근처의 따뜻한 소금물이 고인 웅덩이에서 출현했을 가능성이 있다. 생명체의 출현은 이 시생대의 어떤 한 시점에 뇌우가 발생하면서 이 웅덩이의 물 안에 있던 탄소, 수소, 질소, 산소가 우연히 결합한 결과일 수 있다. 뇌우에 의해 전하를 띠게 된 이 원소들이 결합하여 아미노산이 만들어졌을 것이다. 이 상황은 매우 긴 시간에 걸쳐 다양한 환경에서 수없이 반복되었을 것이다. 이 과정에서 만들어진 아미노산의 일부가 결합하여 단백질이 형성되었을 것이며, 그 단백질은 최초의 식물일 가능성이 매우 높은 조류algae가 되었을 것이다. 조류는 진정한 의미에서 최초의 동물이라고 할 수 있는, 막 출현한 단세포 원생동물single-celled protozoa의 먹이가 되었을 것이다.

수백만 년 또는 수천만 년이 지나는 동안 변이와 제약은 형태와 구조를 변화시켰다. 하나의 종이 여러 종으로 분화했으며, 변화는 더 큰 변화를 유도했다. 피라미드 형태의 이 구조는 정점에 존재했던 최초의 생명체에서 시작된 것이며, 결국 분화한 종들에 공통적으로 남은 것은 생명 자체, 그리고 최초의 존재와의 유전적 연결성밖에는 없다. 최초의 종이 두 번째 종을 만들고, 두 번째 종이 세 번째 종을 만들면서 간단한 생명체가 복잡한 생명체로 변화했다. 각각의 종은 그 이전의 종에게서 생명과 생명의 특징을 물려받았지만, 각각의 종이 생명과 생명의 특징을 물려받은 후 다음 종에게 그것들을 물려주기 전에 약간의 변화가 발생하면서 그 과정에서 완전히 새로운 과family들이 생기기 시작했다.

새로 늘어난 과와 종은 서로를 돕기도 했지만, 경쟁하기도 했다. 가장 성공한 종은 생존 과정에서 자신들에게 가장 특화된 환경과 수단을 발견했다. 이 종들의 생존 방식은 특화였다. 깊은 바다에서 사는 방법을 발견한 생명체도 있고, 숙주 유기체를 통해 이동하는 방식을 발견한 생명체도 있다. 빠르게 헤엄치거나, 깊게 구멍을 파거나, 사막에서 살거나, 몸집을 부풀려 적을 피하는 방법을 발견한 생명체도 있다.

호미니드hominid(사람·고릴라·침팬지·오랑우탄 등의 대형 유인원을 포함하는 영장류의 한 과. 사람과 또는 대형 유인원류라고도 불린다—옮긴이) 계통이 형태를 갖추기 시작한 것은 생명의 역사에서 매우 근래의 일이다. 호미니드는 시작부터 뭔가 전혀 다른 생명체였다.

도구를 만들기 전의 호미니드는 그 이전의 호미니드와 시각적으로는 거의 구분되지 않았을 수 있지만, 내부적으로는 변화가 일어나고 있었다. 이 호미니드는 중추신경계가 정교하게 발달하고 뇌 용량이 늘어났으며, 눈은 오랫동안 한 물체에 시선을 고정할 수 있게 되었고, 직립 자세를 취할 수 있게 되었다. 또 직립 자세가 가능해져 몸을 세우고 두 발로 빠르게 달릴 수 있게 된 이 호미니드는 때로는 사냥감을 따라잡을 수도 있게 되었다. 직립 자세에 익숙해지면서 머리를 뒤로 당겨 균형을 잡을 수 있게 되었고, 눈으로는 더 넓은 시야를 확보할 수 있게 되었다. 시야 확대의 필요성은 이들이 숲에서 나와 더 많은 위험 요소가 있고 사방이 트인 평원으로 이동하게 되면서 생겨났다.

이 새로운 생명체는 가장 빠르게 뛰거나, 가장 빠르게 헤엄치거나, 가장 빠르게 구멍을 팔 수 있는 동물이 아니었다. 나무와 나무 사이를 자유롭게 건너뛰는 능력을 잃었고, 날카롭고 강력한 이빨로 적을 공격하는 능력도 뛰어나지 않았으며, 사냥을 가장 잘하거나 열매 채집을 가장 잘하지도 못했다. 하지만 이 모든 일을 어느 정도 할 수 있는 동물이었다. 이 새로운 동물은 특화specialization 능력도 없었고, 특별한 환경에서 살지도 않았다. 일반적인 능력을 가진 최초의 생명체, 즉 일반종generalist이 탄생한 것이었다.

인간의 손은 엄지가 '맞서는 엄지opposable thumb(접히는 방향이 달라 다른 네 손가락과 맞닿을 수 있는 엄지—옮긴이)'인데도 특화된 손이 아니라고 생각되어 왔다. 예를 들어, 인류학자 케네스 오클리Kenneth Oakley는 다음과 같이 주장했다. "해부학적으로 볼 때, 뇌가 적절하게 작동한다면 특화가 덜 된 원숭이들도 물체를 잡을 수 있는 손prehensile hand을 이용해 도구를 만들 수 있다고 생각된다. 여러 측면에서 인간의 손은 가장 가까운 친척인 유인원의 손보다 원시적이다. 실제로, 손가락이 5개인 인간의 손은 특화 수준이 너무 낮아 인간의 원시적이고 단순한 손 같은 형태를 찾으려면 최초의 포유류, 심지어는 포유류를 파생시킨 파충류까지 거슬러 올라가야 한다."

인간의 손은 벼룩을 잡거나, 조개껍데기를 깨거나, 나뭇가지를 붙잡거나, 헤엄을 치거나, 집을 짓거나 키보드를 두드리기에 가장 적합한 손이 아니다. 인간의 손은 일반종의 도구다. 하지만 인간의 손은 몸의 다른 부분처럼 이 모든 일을 어느 정도 잘 해낼 수 있는 손이다.

손가락이 5개 달린 인간의 손은 정교하지는 않지만 민감도가 매우 높은 중추신경계와 창의적이고 목적이 분명한 뇌의 통제를 받아 도구를 만들어낼 수 있다. 따라서 인간이 손으로 만들어낸 도구는 인간의 손이 가질 수 없는 특화 능력을 가지게 되며, 그 덕분에 인간은 거의 모든 것에 대해 전문적인 능력을 가질 수 있게 된다.

인간은 지난 30억 년 동안 지구에 존재해 온 그 어떤 생명체보다 빠르게 날 수 있고, 깊게 땅을 파고 들어갈 수 있으며, 빠르게 움직일 수 있다.

게다가 인간은 그 어떤 생명체가 만드는 것보다 더 큰 것들을 만들어낼 수 있다. 인간이 이런 능력을 갖게 된 것은 그래야만 했기 때문이다. 인간을 제외한 지구상의 다른 생명체들은 거의 모두가 특정한 자연환경에서 진화해 왔다. 반면 인류는 사바나에서 처음 출현했지만, 지구의 다른 부분들로 빠르게 확산했다. 인간은 다른 생명체들처럼 생존에 특화된 자연환경을 거의 가질 수 없기 때문에 살기 위해 자연환경을 변화시켜야 한다.

인간이 만들어내는 것들, 그리고 그것들을 만드는 방식, 그 과정에서 인간이 사용하는 재료는 다른 동물들이 만들어내는 것들, 그리고 그것들을 만드는 방식, 그 과정에서 다른 동물들이 사용하는 재료와 여러 측면에서 매우 다르지만 인간과 동물이 만드는 것들의 크기와 구조를 지배하는 법칙은 동일하다. 인간이 만드는 것들은 인간만이 만들 수 있는 모양을 띠며, 당연히 그래야 하지만 그것들의 형태를 지배하는 법칙은 인간과 동물 모두에게 공통적으로 적용된다는 뜻이다.

이 책은 우리 삶에서 매우 중요한 부분을 차지하는, 인간이 만든 환경에 대한 기존의 생각 또는 무관심에서 벗어나 자신이 살고 있는 세계에 관심을 갖게 된 사람들을 위한 것이다. 이 책을 읽으면 자연 세계의 복잡성을 관찰하고 이해함으로써 그 복잡성에 관해 더 잘 인식할 수 있게 되고, 그럼으로써 가능한 일과 불가능한 일, 만들어야 하는 것과 만들지 말아야 하는 것을 구별할 수 있게 될 것이다. 또 이 책에서는 크기의 한계, 물질 고유의 특성, 원소들의 상호작용 방식에 관해 다룰 것이며, 역사와 기능, 구조의 작동 방식 그리고 물건들을 다른 방식으로 만들 수 있는 가능성에 관해서도 다룰 것이다.

이 책에서 다루는 생각들과 사실들은 역학, 구조공학, 재료공학, 지질학, 생물학, 인류학, 고생물학, 형태학 등 다양한 분야에서 추출했다. 이 생각들과 사실들은 자연과학자들에게는 익숙하겠지만, 우리가 사는 세상에 관한 지식을 얻어 세상을 이해하고자 하는 사람들에게도 매우 유용할 것이다.

일반종으로 시작한 우리 인간은 지난 200만 년 동안 활동의 범위가 계속 늘어나면서 보편적 속성을 점점 더 많이 지니게 되었다. 하지만 사회가 보편적 속성을 더 많이 띠게 되면서 인간 개인들은 특히 최근 들어 오히려 더 특화되고 고립적인 존재로 변화했다.

새로운 시대가 열리고 있다. 폭넓은 지식과 깊은 생각을 요구하는 시대다. 지금처럼 중요한 시대에 사는 새로운 세대의 사람들은 인간의 활동에 관한 전반적인 지식으로 무장해야 한다. 우리는 일반종으로서 우리의 처음 모습을 되돌아보면서 자연 세계에 관한 이해를 재정립해야 한다.

차 례

① **형태와 물질**

물질의 세 가지 상태―기체, 액체, 고체 | 시간 그리고 모든
것들의 점진적인 흐름 | 균등화 과정―높은 곳에서 낮은 곳
으로, 고온에서 저온으로 | 세포구조―안으로부터의 형성 |
결정구조―밖으로부터의 형성 | 탈수, 부패, 부식, 마모, 산
화 | 결, 나무, 연철 | 새로운 소재

② **구조**

경제성 원칙―최소에서 최대를 얻는 방법 | 형태를 결정하
는 힘―인장력, 압축력, 굽힘 힘, 전단력, 비틀림 힘 | 인장
구조―유연하면서 가벼운 | 압축 구조―견고하면서 무거운
| 동물의 구조 | 인간의 정교한 구조적 형태 | 삼각형, 구, 돔 |
미래의 구조―유연성을 통해 얻는 힘

1

—

형태와 물질

빠른 속도로 달리는 자동차의 엔진 부분에서 기체 상태의 화합물, 혼합물, 분자와 자유원자가 뒤섞여 일어나는 복잡한 연쇄반응에 의해 수소 원자 1개가 배터리 환기구를 통해 대기로 방출된 후 바람에 실려 고속도로 주변으로 이동한다. 이 수소 원자는 자동차 배터리 내 염산 분자 안에 2년 동안 갇혀 있기 전에 계속 자유 상태에 있었다. 자동차는 빠르게 사라지고, 다시 바람에 밀려 이 수소 원자는 목초지 위 약 6미터 높이에서 서쪽으로 흘러간다. 그 후 몇 초 만에 이 수소 원자는 다른 원자 2개와 동시에 결합해 분자를 형성한다. 이 수소 원자의 자유 상태는 다시 이렇게 끝난다. 이 수소 원자와 결합한 원자 2개는 산소 원자 1개와 수소 원자 1개다. 이렇게 만들어진 분자의 이름은 물 분자다. 이 물 분자는 늦은 오후의 열류를 타고 지그재그 모양을 그리면서 높이 올라간다.

대기에 물 입자와 분자가 거의 없는 건조한 계절이다. 하지만 그럼에도 불구하고 드문드문 존재하는 다른 물 분자들은 위로 떠올라 가까이 있는 물 분자들과 바로 결합한다. 분자들이 다른 분자들과 합쳐지고, 이렇게 새롭게 생긴 분자들은 물 알갱이가 되어 알팔파(콩과에 속하는 여러해살이 속씨식물 ─옮긴이)밭 위 몇백 미터 높이에서 조용히 떠다닌다. 해가 지고 공기가 차가워진다. 물 알갱이들이 모여 큰 물 알갱이가 되면서 더는 공기 중에 떠 있을 수 없어 아래로 떨어진다.

다음 날 이른 아침 수소 원자를 포함한 이슬방울이 알팔파 잎 위에 맺힌다. 물 분자들이 이 이슬방울에 더해진다. 이슬방울은 커지면서 땅으로 굴러떨어진다. 기온이 상승한다. 목초지 표면 근처에 있는 물 알갱이 대부분은 다시 수증기로 분해되어 위로 올라간다. 하지만 우리의 수소 원자는 땅으로 굴러떨어져 흙 속으로 깊이 들어간 물 분자 안에 들어 있다. 흙 속에서 이 수소 원자는 3일 동안 머물다 흙 알갱이 사이의 공기 틈을 통해 가까이 있는 알팔파의 뿌리털 안으로 들어간다. 알팔파 뿌리의 끝부분에서는 세포가 계속 생성되고, 이렇게 생성된 세포는 알팔파 뿌리의 끝부분을 수천분의 1센티미터 정도 늘인다. 알팔파의 뿌리털은 물 알갱이를 포함한 흙과 접촉해 빠르게 물 분자를 흡수한다.

그 후 다섯 시간 동안 이 수소 원자는 복잡한 화합물들과 혼합물들을 통과해 수액이 흐르는 2.5미터 길이의 관을 타고 알팔파 윗부분으로 올라간다. 마지막으로 이 수소 원자는 탄소 원자 6개, 산소 원자 6개, 다른 수소 원자 11개와 결합해 포도당glucose이라는 점액질 화합물이 된다. 이 수소 원자는 알팔파밭의 남쪽 끝부분에서 자라는, 크지만 건강하지 않은 알팔파의 맨 위쪽에서 세 번째 잎의 맨 끝 쪽에 자리를 잡는다.

7월이 지나 8월이 되고, 8월이 지나 9월로 접어든다. 알팔파가 수확되고 건조되어 다발로 묶여 헛간으로 옮겨진다. 이렇게 보관된 알팔파 잎을 2월에 소가 먹는 동안 우리의 수소 원자는 분리되어 소화, 흡수, 순환, 분배, 활용 등의 단계로 구성되는 화학적 과정과 운동 과정에서 다시 소에게 흡수된다. 그날 밤 자정이 되면 수소 원자는 소의 옆구리를 감싸는 가죽 안쪽 깊숙한 곳에 있는, 새로 생긴 모낭의 세포벽 내 화합물 안에 자리를 잡는다. 소의 털은 겨울 동안 자라고 봄이 되면 몸에서 빠져 목초지의 진흙으로 떨어진다. 햇빛, 온기, 습기 그리고 박테리아가 진흙에 떨어진 이 소의 털을 부패시키고, 바람은 이 수소 원자를 농가 마당 위로 날린다.

이런 일들은 유기체와 관련될 경우에는 매우 빠르게 일어난다. 하지만 유기체가 아닌 돌은 원자를 수십 억 년 동안 잡아둘 수 있다. 돌 안에 있는 원자는 지구 표면의 상태가 변화할 때만 움직일 수 있다. 지구 표면 아래 몇백 미터 위치에 있는 원자가 단시간 내에 움직일 가능성은 매우 낮다.

원자는 물질의 성질을 결정하는 최소 단위다. 원자의 구성 방식에 따라 물질의 특징이 정해진다는 뜻이다. 또한 원자는 원소를 구성하는 기본 단위이기도 하다. 원자는 열, 화학반응, 전하 등으로 인한 외부의 힘이 작용해도 거의 그대로 원래의 모습을 유지한다. 대부분의 원자는 수없이 오랜 세월이 지나도 안정적인 상태를 유지할 수 있다. 원자 중에는 다른 원자와 결합하지 않은 상태로 대기 안에서 떠다니는 원자도 있다. 원자 중에는 다른 원자들과 결합하기 힘들어 더 오랫동안 독립 상태를 유지하는 원자도 있고, 다른 원자들과 쉽게 결합하는 원자도 있다. 다른 원자들과 쉽게 결합하는 탄소나 산소 같은 원자는 성장과 붕괴를 거의 무한히 반복하면서 물질을 형성한다. 물질은 이렇게 형성된 뒤 일정 기간 존재하다 분해되고 파괴되며, 이 과정에서 원자들은 계속 재활용된다.[1]

물질의 특성은 원자에 의해 정의되지만, 물질을 구성하는 원자는 더 작은 부분들로 나눌 수 있다. 원자를 구성하는 작은 입자들(전자, 양성자, 소립자)도 더 작은 입자들로 나눌 수 있다. 이 입자들이 얼마나 더 작은 입자로 나뉠 수 있는지는 아직 확실하지 않다. 물질이 어떻게 처음 생기는지 정확하게 아는 것은 아마 불가능할 것이다. 우리가 아는 모든 물질을 공통적으로 구성하는 기본 입자 같은 것은 없을지도 모른다. 하지만 생성되고 사라지는 물질들 사이의 공간이 존재하는 것은 분명하다. 이 공간은 무한히 작은 공간에서 우주로 또는 우주 너머로 연속적으로 확장된다. 어쩌면 실재하는 것은 물질이 아니라 공간일지 모른다. 어쩌면 물질은 우주 공간에서 부유하는 구멍들이 축적되어 만들어진, 음의 질량을 가진 존재일 수도 있다.

하지만 우리는 현재 우리가 확실하게 인정할 수 있는 범위 안에서 논의를 진행해야 한다. 우리가 확실하게 아는 것은 물질이 세 가지 상태로 존재하며, 우리가 사는 동안 우리가 지각하는 것만이 현실이라는 사실이다. 물질은 액체, 고체, 기체의 세 가지 상태로 존재할 수 있다. 아마도 이 세 가지 상태를 이해하는 가장 좋은 비결은 그것이 혼재한다는 사실을 이해한 상태에서 물질을 물질 내부로부터, 시간과 공간 차원에서 관찰하는 방법일 것이다.

철은 3000℃ 이상의 온도에서 기체로 변한다. 이 상태에 있는 철 분자들에는 열에너지가 가득 차 있어 용기에 가둬 두지 않으면 공기 중으로 모두 흩어진다. 기체 상태의 철은 매우 큰 공간을 점유하기 때문에 관찰이 거의 불가능하다. 이 상태에서 철의 무게는 세제곱센티미터당 몇 밀리그램 정도밖에는 되지 않으며, 용기의 모양으로만 형태가 정해지고, 부피를 재

그림 1-1

모든 물질은 세 가지 상태 중 하나로만 존재한다. 어떤 시점에 물질의 성질을 지배하는 것은 온도와 압력이다. 물질은 대부분 몇 도 차이로 기체에서 액체로, 액체에서 고체로 변화한다. 표준대기압normal atmospheric pressure에서 물은 약 100℃에서 기체로 변하고, 0~100℃에서는 액체 상태를 유지하며, 0℃ 이하에서는 고체 상태를 유지한다. 이 정도의 적은 온도 변화로 상태가 급격하게 바뀌는 물질은 많지 않다. 인phosphorus처럼 실온에서 불이 붙는 물질이 있는 반면, 실온에서 액체 상태를 유지하는 수은 같은 물질도 있다. 실온에서 수은은 녹은 상태의 금속이며, 영하 38℃ 밑으로 온도가 떨어져야 고체로 변화한다.

그림 1-2

매우 큰 압력을 가해 고체 상태의 철을 압축하면, 열을 가하지 않아도 반유체semi-fluid 상태가 된다. 이 그림은 금형die(단조·압출가공·프레스가공 등 금속의 소성가공에 사용하는 틀—옮긴이) 2개로 철을 양쪽에서 압축해 철의 섬유질 층들이 서로를 압축 틀 밖으로 밀어내도록 만든 다음 희석 염산 용액을 부어 부식시킨 모습을 찍은 사진을 재구성한 것이다. 철에는 수많은 화합물과 불순물이 들어 있기 때문에 압력과 흐름에 의해 '루더스 Luders' 밴드라는 층이 나타난다(금속 재료에 천천히 인장력을 가하고 그 힘을 증가시키면 어느 순간에 루더스 밴드라고 불리는 소성 변형의 띠가 갑자기 발생한다. 이 띠들은 일정 각도를 가지고 평행하게 발생한다—옮긴이).

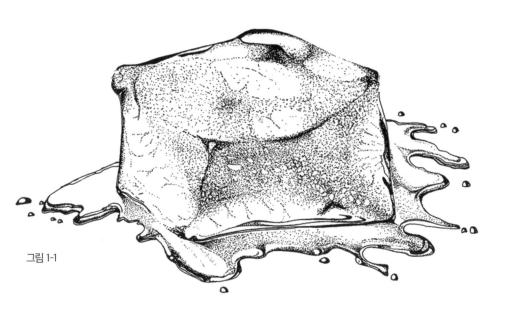

그림 1-1

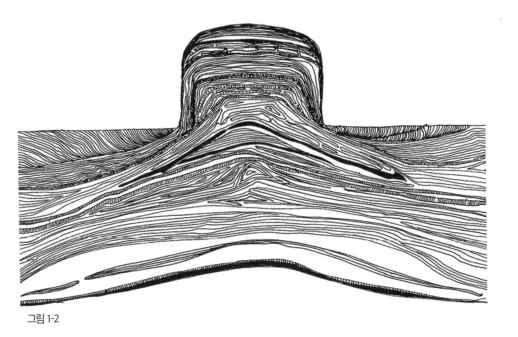

그림 1-2

는 일도 불가능하다. 이 상태에서 철은 무한히 확장될 수 있기 때문이다. 3000℃ 이하로 온도가 낮아지면 기체 상태의 철은 응축되기 시작한다. 즉, 철 분자들 사이의 공간이 줄어들면서 분자들의 활동성이 줄어들고, 철 분자들은 서로 더 가까워진다. 1500~3000℃ 사이의 온도에서 철은 액체로 변화해 부피가 크게 줄어든다. 철 분자들의 활동이 줄어듦에 따라 액체 상태를 유지하게 되는 것이다. 1500℃ 정도에서 철은 결정을 이루기 시작한다. 철 분자들의 활동이 계속 줄어듦에 따라 분자들 사이의 공간이 계속 줄어들어 결정구조가 형성된다. 이 결정 형태의 물질이 바로 고체다. 기하학적 구조에 비교적 확실하게 갇혀 있기는 하지만 이 철 분자들도 열에너지를 어느 정도는 가지고 있기 때문에 약간의 진동을 한다. 물질에서 열이 계속 빠져나오면 그 물질을 이루는 분자들 사이의 공간은 점점 더 줄어들고, 분자들의 운동은 온도가 절대영도(영하 273.15℃)로 떨어지면 완전히 멈춘다. 이론적으로는 그렇지만, 절대영도에 실제로 도달하기는 불가능해 보인다.

이 세 가지 상태는 그것들의 차이보다는 통일성을 이해해야 더 많은 것을 알 수 있다. 우리가 사는 세상은 그 자체가 하나의 완전체이며, 그 완전체를 구성하는 부분들은 모두 동일한 법칙의 지배를 받는다. 우리 주변에 있는 모든 물질의 물리화학적 토대는 동일하며, 물질을 이루는 모든 입자는 동일한 물리법칙에 지배된다. 이런 구조적 통일성의 핵심은 시간이다.

모든 물질은 충분한 시간이 지나면 유체가 된다. 시간과 물질을 다루는 학문인 지질학에서는 견고해 보이는 지구 표면이 사실은 빨랫줄에 걸린

침대 시트가 바람에 미친 듯이 요동치는 것처럼 팽창하고, 수축하고, 접히면서 움직인다고 본다. 지질학자들은 몇십억 년 정도의 긴 시간을 기준으로 땅의 모습이 변하는 과정에 관해 생각한다. 그들은 화강암 산맥이 일시적으로 형성되었다 사라지는 구조라고 생각한다. 또 그들은 몇십억 년 동안 지구의 지각 깊은 곳에 있는 둥근 자갈들이 계속 회전하다 땅 밑 판들이 이동함에 따라 단단한 진흙에 의해 고정되며, 고체 결정 상태의 이 둥근 자갈들은 이 몇십억 년 동안 엄청난 압력을 받아 타원 모양이 되었다 다시 원판 모양이 되고, 성분과 모양이 변한다고 본다.

고체 물질의 흐름은 몇백 년 사이에 일어나기도 한다. 예를 들어, 속이 꽉 찬 빙하는 몇백 년에 걸쳐 강물처럼 흐른다. 몇백 년 된 성당의 스테인드글라스를 보면 유리가 밑으로 흘러내린 것을 관찰할 수 있다. 나무의 성장을 보여주는 결을 보면, 몇십 년의 세월이 흐르는 동안 결이 나무에 있는 매듭과 구멍 주위로 흐르는 것을 볼 수 있다. 결이 이렇게 나타나는 것은 나무가 자기 형태를 지키기 위해 스스로 구조를 변형시키기 때문이다.[2]

물질은 비슷한 외부의 작용으로 한 형태에서 다른 형태로 변화할 때, 물질의 종류와 상관없이 대부분 같은 반응을 보인다. 밀링머신milling machine(금속 절삭 기계)의 절삭 날 밑에 고정된 강철 블록은, 절삭 도구가 그 강철 블록의 표면 위에서 앞뒤로 움직일 때 우리가 잘 아는 패턴을 나타낸다. 절삭 날이 강철 블록의 표면을 깎아낼 때 강철은 쟁기 날에 파이는 흙에서 보이는 패턴, 배가 물 위를 지나갈 때 배 뒤에서 나타나는 패턴과 비슷한 패턴을 보인다. 시간이라는 요소를 무시한다면, 지구 표면을 구성하는 물질들도 중력에 저항하다 조금씩 변화하면서 순응하는 패턴, 외부의 힘에 점진적으로 굴복하는 위와 같은 패턴을 보인다고 생각할 수 있다. 이 물질들이 움직이는 속도는 중력에 저항할 수 있는 정도, 즉 그 물질들의 상대적인 견고함에 따라 결정된다.

엄청난 규모의 지질학적 힘들이 작용한 결과는 지구의 지각 바깥쪽에 있는 물질이 위로 올라가거나 내려가는 움직임으로 나타난다. 위를 향한 움직임은 대부분 강렬하고 규모가 크다. 이 물질들이 몇천 미터 두께로 접혀 위로 올라가면 산맥이 형성된다. 빙원을 이루는 얼음을 기계로 깬 다음 밀어 올렸을 때의 모습을 생각하면 된다. 이 과정에서 액체 상태의 바위가 들어 있는 구덩이가 모습을 드러내고, 그 구덩이 안의 액체가 굳어 원뿔 모양의 화산이 되거나 섬이 된다. 이 과정은 짧은 시간 안에 끝나지만 그 결과는 엄청나다. 이에 비해 아래를 향한 움직임과 수평화 과정은 항상 마지막 단계에서 이루어지며, 너무 느리게 진행되기 때문에 극적이지도 않고 이런 과정들을 탐지하는 것조차 힘들다. 예를 들어 진흙이 섞인 물은 아주 미세하게 움직이며, 큰 강의 물 흐름은 매우 더디기 때문에 큰 강의 물이 진흙을 몇백 미터 옮긴다고 해도 결과적으로 보면 그 진흙은 강의 발원지보다 몇 미터 정도 낮은 고도로 옮겨질 뿐이다. 모래, 자갈, 바위는 조금씩 강바닥을 따라 굴러 계곡으로 아주 천천히 미끄러지면서 이동한다. 협곡 양쪽에 쌓인, 모래·진흙·돌조각 등으로 구성되는 거친 붕적토colluvium는 1년 내내 움직여도 기껏해야 15센티미터밖에는 움직이지 못한다. 빙하기에 박힌 채로 이동하다 빙하가 녹은 뒤에 강 주변 저지대 평원에 그대로 남게 된 화강암 바위는 3000년에 45센티미터 정도밖에 이동하지 못했다.

지구 내부의 요동이 멈추고 산맥이 더는 생기지 않는다고 해도 비와 바람, 얼음과 태양, 식물과 동물이 매우 느리지만 꾸준히 산 정상, 고원, 높은 고도의 목초지를 닳게 하여 해구, 해저(해양의 바다), 계곡으로 모습을 바꿔 놓을 것이다. 그리고 결국에는 높은 곳도 낮은 곳도 모두 없어지고 모든 곳이 평평해져 높이가 같아질 것이다.[3]

이런 분리·축소·축적·결합 과정은 형태가 다양하게 변화하는 진화 과정을 촉진한다. 물질의 형태 조절 과정은 더하기의 영향을 받는지, 빼기의 영향을 받는지에 따라 일차적으로 구분될 수 있다. 이차적인 구분은 유기물의 형태 조절 과정과 화학물질의 형태 조절 과정이다. 이 두 조절 과정은 서로 확실하게 다른 방식으로 형태에 영향을 미치는 성장과 쇠퇴 단계로 구성된다.

확장 과정의 유기물은 일반적으로 표면이 둥글고 부드러워 하나의 모서리가 다른 모서리로 흐른다. 유기물의 형태는 안으로부터 발달한다. 압축 공기를 집어넣은 풍선이 커지는 모습과 비슷하다. 새로운 물질의 추가는 유기체 안에서, 예를 들어 나무의 껍질, 잎의 표면, 인간의 피부 안에서 일어난다. 유기물의 표면은 확장하는 물질이 안에서 튀어나오는 것을 억제하는 과정에서 늘어난다. 예를 들어, 콩깍지에서 바로 꺼낸 푸른 완두콩은 표면이 매끈한 반투명 막으로 단단하게 싸여 있다. 성장으로 말미암아 유기물은 깃털을 꽉 채운 베개 같은 형태를 띠게 된다. 이 상황에서 유기물의 내부는 압축되어 있지만 바깥쪽은 장력을 받는다. 유기물의 형태 형성에서 핵심적인 역할을 하는 것은 유기물 표면의 이런 늘어남이다.

유기물의 형태가 구축되는 과정을 설명하기에 앞서 잠시 표면장력surface tension에 대해 살펴보자. 일부 곤충은 다리, 날개, 더듬이로 잔잔한 호수의 표면을 누르면서 움직이는데도 물에 젖지 않는다. 이런 움직임이 가능한 것은 곤충과 곤충 밑의 물 사이에 보이지 않는 일종의 '막skin'이 존재하기 때문이다. 이 막 덕분에 소금쟁이 같은 곤충은 물의 표면에서 마치 스케이트를 타듯 자유롭게 움직일 수 있다. 이슬방울이 풀잎 위에서 그대로 모양

그림 1-3

강철 가공은 강철이 흐를 수 있는 능력에 달려 있다. 이 그림은 절삭 날의 끝부분이 강철의 표면에서 0.005인치를 잘라내는 모습을 그린 것이다. 절삭 날의 끝부분에 의해 강철에서 분리된 강철 조각이 나선 모양으로 말려 올라가고 있다. 강철을 깔끔하고 부드럽게 잘라내려면 분리된 강철 조각을 강철이 잘리는 위치에서 완전히 제거해 마찰, 응력, 열의 발생을 줄여야 한다. 절삭 날의 각도가 적절하지 않거나 절삭 날이 무디면 절삭이 제대로 되지 않으면서 분리된 강철 조각들이 절삭 날 앞에 쌓이는 '로드load' 현상이 발생하고, 그로 인해 작업 표면이 거칠게 찢어지는 '스미어링smearing' 현상이 나타나게 된다.

그림 1-4

왼쪽은 설탕($C_{12}H_{22}O_{11}$) 결정을, 오른쪽은 개구리 피부의 색소세포를 그린 것이다. 이 두 그림은 광물과 유기물의 구조를 전형적으로 나타낸다. 설탕 결정은 하나의 점에서 성장을 시작해 방사상 형태로 확장된다. 각각의 설탕 결정은 층층이 쌓여 전체 결정구조를 형성한다. 설탕 결정의 형태는 직선과 예각으로 이루어져 있다. 이에 비해 개구리 피부의 색소세포는 세포벽의 경계 안에서만 성장이 일어나고, 성장 패턴은 무작위적이며, 전체적인 형태가 곡선으로 둥글게 형성된다. 유기물의 형태에서 예각과 직선은 거의 관찰되지 않는다.

그림 1-3

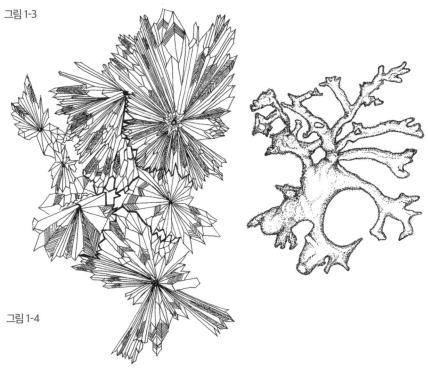

그림 1-4

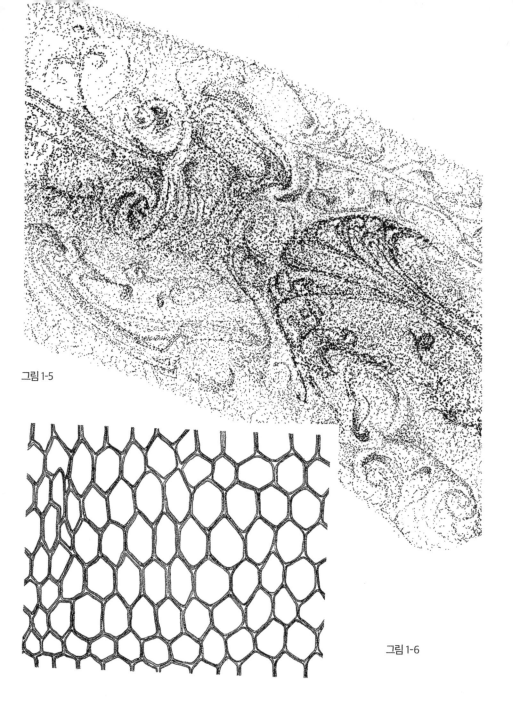

그림 1-5

그림 1-6

을 유지하고, 방금 왁스 칠을 한 자동차의 표면에서 빗방울이 모양을 유지한 채 또르르 흘러내리는 것도 바로 이 메커니즘 때문에 가능하다. 모든 액체의 가장자리 가장 바깥쪽에서는 끊임없이 에너지 이동이 일어난다. 액체 표면에 있는 분자들은 바로 밑에 있는 분자들의 인력 때문에 계속 액체 바깥쪽에서 안쪽으로 이동하려고 한다.

그림 1-5

비눗방울을 구성하는 얇은 막의 단면 구조. 이 막은 매우 불안정한 상태에 있으며, 균등화equalization 과정이 진행됨에 따라 엄청나게 활발한 활동이 막 안에서 일어난다. 막의 중심 주위로 밀도가 높은 화합물이 요동치면서 회전하고, 열 차이에 의한 대류 현상이 나타나며, 비누가 적게 포함된 물이 넓게 퍼지고, 공기가 비눗방울 외부 쪽으로 움직이면서 그 표면에 있는 입자들을 막 바깥쪽 밖으로 밀어낸다. 막의 중심은 다른 부분보다 밀도가 높기 때문에 다른 층들과는 다르게 움직인다. 표면장력은 이 시스템 전체를 유지하며, 비눗방울 안쪽에 있는 분자들은 바깥쪽에 있는 분자들을 끌어당겨 그것들이 안으로 움직이게 만든다. 표면 분자들이 이렇게 계속 비눗방울 안쪽으로 연속적으로 움직임에 따라 비눗방울이 수축하고 막은 점점 더 얇아져 표면장력이 발생한다. 이 모든 움직임은 비눗방울의 어떤 한 부분이 너무 얇아져 터질 때까지 계속된다.

그림 1-6

일반적인 세포벽의 전형적인 구조. 세포벽은 매우 엄격한 물리적 조건에서 형성된다. 표면장력의 작용도 그 조건 중 하나다. 일반적으로 유기물은 형성 과정에서 액체 상태를 유지하는데, 이때 한 표면에서 나온 에너지가 다음 표면으로 옮겨가는 균등화 현상이 발생한다. 이 균등화 현상 때문에 같은 각도로 세포 3개가 결합하게 되어 그림에서처럼 각각의 세포는 6각형 모양을 하게 된다. 신경세포나 근육세포처럼 특수한 기능이 강화된 세포들은 기능이 형태를 지배한다. 더 자세한 설명은 7장을 참고하라.

겉으로는 평온해 보이는 비눗방울의 표면도 사실은 그 안에서 미친 듯이 활동이 일어나고 있는 상태에 있다. 비눗방울 표면에 있는 분자들이 비눗방울의 막을 구성하는 3개 층 사이에서 서로 미친 듯이 충돌하고 있기 때문이다. 이 3개 층이란 비눗방울 표면 안쪽 층, 중심 층, 바깥쪽 층을 말한다. 안쪽 층과 바깥쪽 층은 표면장력의 영향을 받는다. 바깥쪽 층에서 오는 움직임은 비눗방울 표면을 계속 수축하여 액체를 둘러싼 '막'을 팽팽하게 만든다. 이 액체가 빗방울인 경우 표면장력은 빗방울 외부가 수축하는 동안 그것을 최대한 구형에 가깝게 만든다.

물의 부피가 크면 표면장력이 별 효과를 내지 못한다. 물에 작용하는 중력이 표면장력을 압도하기 때문이다. 표면장력은 물의 부피가 줄어들 때 효과가 커지기 시작한다. 또한 작은 물체들이 큰 부피의 물 위에 뜰 수 있는 것은 물체의 질량이 작기 때문이 아니라 물의 표면장력 때문이다. 작은 빗방울은 큰 빗방울보다 형태가 더 구형에 가깝다. 이슬방울은 작은 빗방울보다 훨씬 더 구형에 가깝다. 표면장력의 세기는 매우 작은 물체에서 극적으로 증가하며, 분자보다 작은 크기의 물체에서는 대기압의 몇 배, 몇십 배 정도의 효과를 낼 수 있다.

분자 간의 이런 상호작용이 유기물의 형태에 미치는 영향은 즉각적이고 직접적이다. 유기물에는 상당히 많은 양의 물이 포함되어 있다. 세포벽은 형성 과정에서 끈적끈적한 액체 상태를 유지한다. 유기체의 세포는 매우 작으며, 세포벽은 세포보다 훨씬 더 작다. 세포와 세포벽은 이렇게 작기 때문에 형성 과정에서 표면장력의 영향을 크게 받는다. 그렇다면 표면장력은 사람이나 소처럼 큰 형태에는 별 영향을 미치지 못할 거라고 생각할 수도 있다. 하지만 표면장력은 사람이나 소를 구성하는 세포들에 엄청난 영향을 미쳐 결국 유기체 전체의 형태에도 영향을 미친다. 따라서 동물과 식물의 형태는 자신을 구성하는 세포들에 작용하는 표면장력에 의해 결정된다고 할 수 있다.

표면장력이 세포 형성에 영향을 미치는 방식은 다음과 같이 설명할 수 있다. 유리컵 안에 물이 담겨 있을 때 물의 바깥쪽 둘레는 유리의 표면 가장자리와 맞닿는다. 이때 물방울 2개가 서로 맞닿으면서 이 두 물방울은 서로 섞이게 된다. 표면장력은 균등한 상태를 만들려는 에너지다. 표면장력은 형태들을 서로 섞음으로써 에너지를 최대한 고르게 분산하려고 하기 때문에 액체의 모양이 형성될 때는 뾰족한 모서리가 나타나지 않는다. 이와 마찬가지로 세포가 형성될 때 세포들은 서로 섞인다. 세포들이 맞닿는 부분은 각각의 세포벽에 작용하는 표면장력들이 균형을 이루면서 둥글게 된다. 따라서 표면장력은 세포벽, 세포 그리고 유기체의 조직 형성에 영향을 미치게 된다.

표면장력이 지닌 다른 의미에 대해서는 7장에서 자세하게 다룬다.

이와 대조적으로 광물은 평평한 표면과 예각으로 이루어지는 각진 형태로 성장한다. 광물의 성장은 광물 외부 표면에서 이루어진다. 석공이 벽돌을 하나씩 쌓아 올릴 때처럼 광물의 벽은 평평한 층과 뾰족한 모서리로 구축된다. 광물 성장과 관련된 모든 활동은 광물 외부에서 일어난다. 광물이 일단 모습을 갖춘 뒤에는 광물 내부에서 아무 일도 일어나지 않는다. 이런 종류의 각진 성장은 몇 밀리미터 크기의 작은 결정에서부터 큰 산의 거친 화강암 절벽에 이르기까지 광범위하게 관찰된다. 바위 중에는 감자처럼 부드럽고 둥근 모양을 한 것도 있지만, 이런 둥근 바위들은 마모와 풍화 때문에 이런 모양을 갖게 된 것이다. 광물 형태로부터 물질이 제거되거나 광물 형태가 변해 이런 모양이 나왔다는 뜻이다. 감자 모양의 바위도 깨어 보면 내부는 각진 구조로 되어 있다는 것을 알 수 있다.

표면장력이 유기체 세포의 형태를 만들고 식물과 동물의 모양에 영향을 미치는 것과 비슷한 방식으로 결정화는 광물 형성에 영향을 미친다.

소금 한 줌을 조금 확대해서 보면 소금 알갱이 하나하나의 모양을 관찰할 수 있다. 소금 알갱이 하나하나에는 모두 결정구조가 있다. 이 결정들은 크기와 규칙성은 다르지만 모두 반투명한 정육면체와 비슷한 모양을 띤다. 이 소금 알갱이들을 흔들면 결정 모양이 부서지면서 가장자리와 모서리에 희고 불투명한 스크래치가 생긴다. 이때 소금 결정은 정육면체 형태의 작은 얼음과 비슷한 모양을 하게 된다. 이 상태에서 물을 부으면 소금은 바로 불규칙한 부분들이 녹아 없어지면서 투명 상태가 되고, 표면이 부드러워진다. 물에 집어넣었을 때 얼음 조각이 투명해지는 현상과 비슷하다. 소금 결정의 단단한 가장자리와 모서리는 소금이 이렇게 용액 상태로 변하면서 사라진다. 정육면체 모양의 모서리 부분이 매우 빠른 속도로 둥글게 변하면서 소금 결정은 형태가 점점 없어진다. 소금 결정은 크기가 계속 작아지면서 점점 더 구형에 가까워지고, 마지막으로 남는 형태는 거의 완벽한 구형을 띤다.

현미경에서 나오는 빛의 열기 아래에서 이 소금 용액은 온도가 올라가면서 증발하기 시작한다. 소금은 물과 함께 증발할 수 없기 때문에 이 소금 용액 전체에서 물이 차지하는 비중은 점점 줄어들고, 결국 소금 용액은 과포화 상태가 된다. 이 상태에서 소금은 소금 용액 밖으로 다시 나오게 되고, 다시 결정이 형성되기 시작한다. 미세한 불순물들로부터 네 방향으로 결정이 자라기 시작해 사면체 피라미드 구조가 형성된다. 이때 결정은 한 층씩 늘어나며, 각각의 층은 완벽한 사각형 모양으로 바로 이전에 형성된 층보다 약간 더 작다. 새로 형성된 결정들은 꼭짓점 부분이 완벽한 사각형의 모서리 모양을 하고 있으며, 이 사각형 모양 결정의 변은 모두 평평하다. 이 결정들은 광물 형성의 특징을 나타내며, 아직 마모로 부드러워지지 않은 상태다.[4]

화강암도 소금 결정 같은 결정들로 만들어진다. 철도 식어서 액체 상태에서 고체 상태로 변할 때 결정구조로 변한다. 하지만 철의 결정들은 격자 패턴으로 서로 맞물린다. 이 결정들 사이에는 공간이 거의 존재하지 않는다. 벌집을 이루는 하나하나의 육각형이 서로 꽉 물려 있는 구조와 비슷하다. 화강암을 이루는 결정들 자체는 매우 단단하지만, 그 결정들은 각각 독립적으로 형성되며, 그 결정들 사이에는 간격과 구멍이 있기 때문에 그들 사이의 결합은 그리 견고하지 않다. 물질의 특성은 그 물질의 구성 요소들이 이루는 형태와 그 구성 부분들의 결합 세기에 의해 결정된다. 구성 요소들이 비교적 견고하게 결합된 물질은 강한 물질이며, 느슨하게 결합된 물질은 약한 물질이다. 결정으로 이루어진 물체가 파열되면, 물체가 쪼개지는 선은 일반적으로 결정들 사이의 각진 경로를 따른다. 그것은 가장 저항이 적은 경로를 따라 형성된다. 이 경로가 가장 분리되기 쉬운 경로이기 때문이다. 그 결과 나타나는 형태는 각지고 평평하다.

유기물과 광물은 형태가 확립된 뒤에는 반드시 쇠퇴가 일어난다. 쇠퇴의 원인은 죽음 또는 탈수, 햇빛 또는 바람에 의한 부식과 침출이다. 모든 물질의 형태는 생겨나고 확장하고, 성장하고 모여서, 정체되다 결국 사라진다. 물질의 형태에 쇠퇴를 가져오는 힘들은 물질의 성장에도 같은 정도의 영향력을 행사한다. 쇠퇴는 성장 과정이 시작되는 순간부터 성장 과정이 끝나기 전까지 계속 일어난다. 물질은 한창 성장하고 있는 시기에도 노화와 쇠퇴가 어느 정도 일어난다. 바람은 모래 알갱이를 들어 올리고, 바위의 입자들을 떼어내고, 나무를 닳게 하고 수지(나무에서 분비되는, 탄화수소로 된 끈끈한 진—옮긴이)를 말리고, 유기체 표면에서 유분을 제거하여 마르고 갈라지게 만들며, 무기물에는 구멍을 내고 모양을 둥글게 만든다. 바다와 강은

그림 1-7 A, B

갓 꺼낸 옥수수 알갱이를 보면 유기물 형태의 막이 팽팽하게 확장되어 있는 것을 관찰할 수 있다. 옥수수 알갱이는 내부에서 성장이 계속되는 동안 액체가 축적되면서 알갱이를 둘러싼 외부 막을 팽팽하게 밀어낸다. 성장이 끝남과 동시에 옥수수 알갱이에서는 막과 줄기를 통해 수분이 빠져나가기 시작하면서 표면이 헐렁해진다. 이때 수분이 빠져나가면서 고체 상태의 물질이 남겨지고, 옥수수 알갱이 안에 남아 있는 액체는 걸쭉한 시럽 상태가 된다. 한때 옥수수 알갱이를 팽팽하게 덮고 있던 막에 주름이 지면서 전형적인 유기체의 노화 형태를 보인다. 말린 살구나 자두에서 보이는 주름이 바로 이렇게 형성된 주름이다.

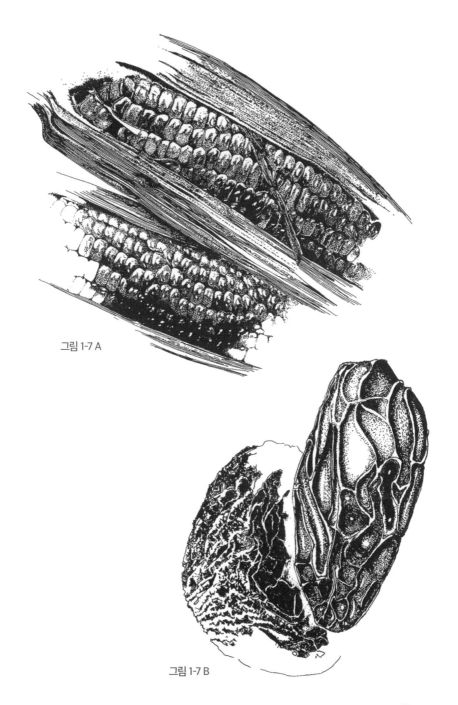

그림 1-7 A

그림 1-7 B

조용하지만 끊임없이 화강암을 조금씩 닳게 만들고 철을 부식시킨다. 비는 산비탈과 느릅나무 잎을 조금씩 녹이면서 없앤다. 햇빛, 곤충, 동물, 불, 부패, 얼음은 화학반응, 열, 압력, 시간과 생명이 함께 작용한 결과들을 조금씩 없앤다. 부서지기 쉬운 물체들은 짧은 시간 안에 사라지고, 큰 물체들은 더 오래 유지된다. 하지만 오래 유지되는 큰 물체들도 그 표면과 형태는 천천히 쇠퇴한다. 이렇게 물체의 형태가 작아지는 것도 성장의 한 형태로 확실하게 분류할 수 있다.

유기체 형태 전체에서 일어나는 탈수는 우리가 잘 알고 있는 다양한 패턴을 만들어낸다. 새롭게 성장하는 물체는 그 물체를 담고 있는 틀을 최대한으로 채우면서 확대되지만, 유기체가 부드럽고 볼록한 표면을 계속 유지하려면 계속해서 물체의 확장이 일어나야 한다. 하지만 이런 확장은 불가능하다. 줄기가 더 이상 수분을 공급하지 않게 되면 유기체는 마치 미세한 구멍이 난 풍선처럼 성장을 멈추고 천천히 헐렁해진다. 말린 콩이나 과일은 한때 최대한 외부 경계를 밖으로 밀어내는 복잡한 구조를 발달시켰지만, 시간이 지나면서 내부로부터 수축이 일어나 표면에 주름이 생긴 상태를 보여준다. 콩이나 과일의 표면은 성장과 함께 팽창하지만 내부가 수축해 작아지면서 영역이 작아지는 대신 주름이 생기는 모습을 나타낸다. 이때의 이 표면은 느슨해진 상태로, 이 표면과 그것이 둘러싸고 있는 내용물 사이의 연관관계는 사라진 상태다. 갓 딴 신선한 자두는 막이 팽팽하고 윤기가 흐른다. 하지만 탈수가 시작되면서 이 막은 미세한 주름이 생기고 자두 과육과 분리되기 시작한다. 자두가 계속 건조되면서 이 막은 더 느슨해지고, 과육과 더 분리되어 결국 자두는 두껍고 질기면서 복잡한 형태로 변한다. 이 과정은 모든 말린 과일과 채소, 동물의 노화와 죽음, 심지어는 크기가 줄어드는 연못 표면에 생긴 막에서도 나타난다. 이는 내부로부터만 일어나는 탈수 과정이다. 수분은 내부의 내용물로부터 외부의 막을 통과해 사라진다.

유기물의 형태는 내부에서 자라나면서 막을 외부로 밀어내며 내부로부터 후퇴가 시작되지만, 무기물의 형태는 이와 완벽하게 대조적인 작용을 보인다. 무기물의 형태는 외부에서 만들어지기 시작하고 외부에서부터 줄어들기 때문이다. 따라서 유기물의 형태와 무기물의 형태는 매우 다를 수밖에 없다. 침식을 일으키는 요인은 대부분(바람, 물, 눈, 얼음 등) 그것들이 작용하는 물질, 즉 돌, 강철, 흙 따위보다 더 부드럽다.

제거removal는 보통 매우 긴 시간이 지나야만 이루어지는데, 엄청나게 적은 수의 입자들만을 제거 대상에서 덜어낼 수 있기 때문이다. 바티칸에는 성 베드로의 동상이 세워져 있는데, 신자들이 지난 700여 년 동안 동상의 오른발에 입을 맞추고 손을 댄 결과로 오른발 부분이 닳아 깊은 구멍이 생겼다. 동상의 오른발을 만지거나 동상에 입을 맞춘 신도는 성 베드로 동상을 구성하는 입자 중 매우 적은 수의 입자를 손과 입에 묻힌 채 돌아갔을 것이다. 바람과 물이 단단한 암석 절벽에 닿을 때도 암석을 구성하는 입자 중 매우 적은 수가 이런 식으로 암석에서 떨어져 나간다.

물체가 마모될 때 진행되는 이 미세한 제거 과정 때문에 물체의 표면은 물에 집어넣은 소금 결정의 형태가 부드러워지는 것처럼 매우 부드러워진다. 이 제거 과정은 더 큰 규모로도 일어난다. 파도가 계속 부딪쳐 바위 표면이 매끈해지고, 바람과 물에 오랜 시간 계속 노출되어 산의 모양이 둥글어지는 현상이 전형적인 예다. 바람을 정면으로 받아 해안의 모래가 직선 모양으로 침식되거나 연못을 덮은 살얼음판이 녹으면서 물을 방출해 표면이 매끈해지는 현상도 제거 과정에서 비롯한 현상이다.

침식되는 물체의 표면이 고르지 않으면 침식의 결과로 나타나는 형태도 고르지 않게 된다. 부드러운 진흙에 박힌 화강암 해안선이 점진적으로 침식하면 복잡한 형태의 해안, 만, 반도, 섬이 생긴다. 반도와 섬을 이루는 물질들은 강하며, 만은 쉽게 구조가 무너지는 물질들에 둘러싸여 있다. 잡석rubble stone으로 만들어진 둑은 비에 의해 침식되면 표면에 뾰족한 부분과 움푹 들어간 부분이 생겨난다. 역암conglomerate rock(자갈로 이루어진 퇴적암—옮긴이) 중 일부는 단단한 부분과 부드러운 부분의 침식 속도가 다르기 때문에 침식되면 암석 전체에 요철이 생긴다. 거친 결정으로 이루어진 화강암 바위는 결정들을 고정하는 물질이 바람에 의한 침식 과정 초기에 사라져 결정구조들이 거칠게 돌출한다. 유기체가 죽은 뒤에 남아 있는 물질들도 같은 침식 과정을 겪는다. 나무와 뼈는 풍화되도록 여러 해 동안 그대로 놓아두면 부드러운 결과 단단한 결이 물결 또는 소용돌이 모양을 나타낸다.

마모는 한 물체와 다른 물체 사이의 마찰에 의해 일어난다. 서로 접촉한 상태에서 움직이는 두 물체는 서로에 의해 찢어지면서 자신의 부피 중 일부를 방출한다. 바위에 부딪힌 바람은 접촉점에서 멈춘다. 바람의 움직임이 멈추면서 바위 표면을 형성하는 미세한 입자들, 즉 바람과 충돌한 입자

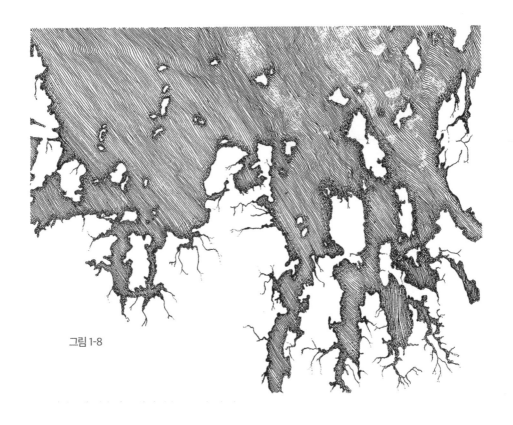

그림 1-8

그림 1-8

미국 북동부 해안의 지도를 보면, 이 지역의 땅이 균일한 성분으로 구성되지 않아 다양한 형태의 해안 침식이 일어난 것을 알 수 있다. 이 지역 지표면의 땅덩어리는 점토, 모래, 잡석, 분해된 화강암 조각들, 유기물 등 다양한 성분으로 구성되어 있지만, 전체적으로 단단한 화강암을 기반으로 하고 있다. 이 지역에서는 매우 일정하게 폭풍이 남동쪽으로부터 분다. 내륙 쪽 만들은 대부분 부드러운 물질에 둘러싸여 있으며, 화강암이 거의 없어 침식이 매우 빠른 속도로 일어난다. 곶과 바다 쪽 섬들은 위쪽에 흙이 약간 붙어 있는 단단한 화강암 덩어리다. 이 지역 해안은 전반적으로 힘의 크기와 범위에 상관없이 일정한 힘에 의해 다양한 물질이 침식된 상태를 잘 보여준다. 부식하거나 녹이 슨 합금을 확대해서 보면 이 지역의 표면과 비슷한 모습을 관찰할 수 있다.

들도 바위에서 떨어져 나간다.

이런 의미에서 모든 마모는 타협이다. 접촉하는 두 물질은 상호작용 지점에서 타협을 한다는 뜻이다. 침식이나 마모의 속도를 결정하는 변수는 상호작용하는 물체들의 상대적인 양, 속도, 압력, 경도다. 부드러운 바람은 엄청난 양의 시간과 공기를 통해서만 암석의 질량을 감소시킬 수 있다. 물이 암석을 마모시키는 데는 더 적은 시간이 필요하며, 암석은 땅의 움직임을 통해 다른 암석과 부딪혀 서로를 빠르게 마모시킨다.

이런 형태의 마모에 영향을 미치는 또 다른 중요한 요소로는 접촉 운동의 방향을 들 수 있다. 두 물체의 표면이 평행하게 스치면 그 표면들은 모두 부드러워진다. 나무 난간을 스치는 손, 막 내린 눈 위를 움직이는 스키, 배의 클리트cleat(갑판 상부에 고정해 밧줄을 걸거나 매달기 위한 기구—옮긴이)에 매인 밧줄을 떠올려 보자. 이 모든 물체는 미세한 양의 물질을 그 물체가 스치는 물체에서 떼어내어 표면을 평평하게 만든다. 이 과정의 최종 결과는 연마polishing다.

인공적인 물체에서 일어나는 마모는 대부분 서로에게 미끄러지는 물체들 사이에서 일어난다. 발과 신발 사이의 양말 뒤꿈치가 마모되는 현상, 땅바닥과 신발 사이의 밑창이 마모되는 현상, 기계의 회전 부분에 포함된 베어링이 마모되는 현상, 손으로 계속 만진 테이블의 표면이 마모되는 현상을 예로 들 수 있다.[5]

접촉하는 표면들이 움직이면 마모는 불가피하다. 어떤 표면이 물질을 더 많이 방출하는지가 달라질 뿐이다. 이때 접촉하는 물체들의 성질이 매우 중요하다. 기계의 윤활성을 높이기 위해 사용되는 베어링은 결국 닳아 없어지는 연질 납이나 청동 합금으로 만든다. 기계 내부의 회전축을 교체하는 것보다 베어링을 교체하는 것이 훨씬 쉽기 때문이다. 이상적인 기계는 마찰이 발생하지 않아 마모가 전혀 일어나지 않는 기계일 것이다. 그런 기계를 만들려면 움직이는 부분을 제어해 일정한 형태로 움직이게 만들면서 이 움직이는 부분이 다른 표면과 접촉하지 못하도록 해야 한다.[6]

유리판을 손가락으로 만지면 매우 균일하고 매끈하게 느껴진다. 그러나 부드러움은 상대적인 개념이다. 예를 들어, 파리는 창유리 표면의 미세하게 튀어나온 부분을 발판으로 삼아 창유리 표면을 걸어 올라갈 수 있다. 현미경으로 확대해서 보면 모든 물체의 표면은 거칠고 울퉁불퉁하다는 것을 알 수 있다. 마모를 촉진하는 것은 바로 이 거칠거칠함이다.

두 표면이 접촉하는 경우 한 표면의 거친 부분과 다른 표면의 거친 부분이 맞물리게 된다. 마치 두 손을 깍지 끼었을 때 양손의 손가락이 맞물리는 모습과 비슷하다. 이 두 표면에 작용하는 압력이 커지면 한 표면의 '튀어나온 부분들'이 다른 표면의 '들어간 부분들'에 더 깊숙이 박히면서 접촉 영역이 넓어진다. 마모에서 압력이 매우 중요한 역할을 하는 이유가 바로 여기에 있다. 서로 꽉 물린 두 표면이 반대 방향으로 움직이게 되면, 즉 서로 비벼지면 이 두 표면의 거친 부분들이 깎여 나가고 다른 거친 부분들이 노출되는 과정이 반복된다. 표면이 부드러울수록 다른 표면에 더 적게 침투한다. 이론적으로 본다면, 무한히 부드러운 표면 2개가 접촉하면 마모가 일어나지 않을 것이며, 이 두 표면은 서로에게 침투하지 못하고 서로 평

행 상태에서 마찰 없이 분리된 상태를 유지할 것이다.[7]

실제로 매우 거친 표면은 부드러워진 표면보다 더 빠르게 마모된다. 끽끽 소리를 내며 멈추는 타이어는 부드러운 콘크리트 도로에서보다 거친 쇄석도macadam street(잘게 부순 돌을 타르에 섞어 바른 도로—옮긴이)에서 더 빠르게 멈출 것이다. 마찰이 더 크기 때문이다. 하지만 거친 쇄석도에서 타이어는 훨씬 더 빨리 마모될 것이다. 타이어 고무가 더 많이 떨어져 나가기 때문이다. 평평한 콘크리트 도로에 비가 내리면 도로의 움푹 들어간 부분에 빗물이 고이면서 도로가 더 매끄러워진다. 빗물이 콘크리트 도로의 거친 표면을 고르게 만드는 효과를 내기 때문이다. 비에 젖은 콘크리트 도로 위를 빠르게 움직이는 타이어는 사실상 콘크리트 도로와 떨어져 있는 상태라고 할 수 있다. 이때 타이어는 물 그리고 도로의 높게 튀어나온 부분들과만 접촉한다. 타이어 고무와 물은 맞물려도 마찰을 거의 일으키지 않는다. 물이 고무로부터 쉽게 떨어져 나가기 때문이다. 이 상황에서 운전자의 안전은 크게 위협받는다. 하지만 타이어의 마모만 신경 쓴다면, 물은 마모를 줄이는 역할을 함으로써 타이어의 수명에 좋은 영향을 미칠 수 있다. 타이어와 도로 사이에 물이라는 제3의 물질이 추가됨에 따라 마찰과 마모 방지에서 가장 중요한 윤활성이 높아지기 때문이다.

윤활제는 접촉하는 두 물체의 미세하게 거친 표면들 사이에 침투해 쿠션 역할을 한다. 이 쿠션은 접촉 표면을 매우 평평하고 부드럽게 만들 뿐 아니라 두 접촉 표면의 움직임을 절충하는 역할도 한다.[8]

인간의 행동과 인간이 만든 장치와 관련된 마모의 대부분은 표면들의

그림 1-9

윤활제 없이 견고하게 서로 접촉하고 있는 두 강철 부품의 접촉 부분을 크게 확대한 그림. 그림에서 보이는 불규칙한 모양의 블록들은 분자. 강철은 다양한 요소로 구성되며, 제조 방법과 순도 설정에 따라 다양한 종류로 분류된다. 일반적으로 강철은 미세 입자, 불순물, 흑연, 페라이트, 탄소 같은 다양한 기본 입자로 구성되기 때문에 단단한 부분과 덜 단단한 부분이 혼재한다. 강철에 매우 다양한 속성이 있는 것은 이런 복잡한 구성 방식 때문이다. 기계가 정상적으로 사용되려면 접촉하고 있는 이 두 부품의 표면이 연마되어야 한다. 이 두 강철 부품의 실제 접촉 부분이 매우 적기 때문에 표면의 돌출 부분은 약간의 부하만 실려도 엄청난 힘을 받게 된다. 이렇게 작은 접촉점들은 마찰로 발생하는 압력과 열에 의해 '용접되어' 서로 붙기도 한다. 이 두 표면이 서로 다른 방향으로 움직인다면, 두 표면은 서로를 상당히 많이 찢게 될 것이다. 이 과정에서 표면의 분자들과 미세 입자들이 표면에서 분리되어 움직이는 표면들 사이에서 구르게 될 것이고, 그 결과 두 표면은 더 많은 정도로 찢어질 것이다. 마찰은 온도를 높이고, 온도 상승은 표면 쇠퇴를 촉진한다. 윤활제가 없는 상태에서 표면 대 표면 마모는 이런 방식으로 일어난다.

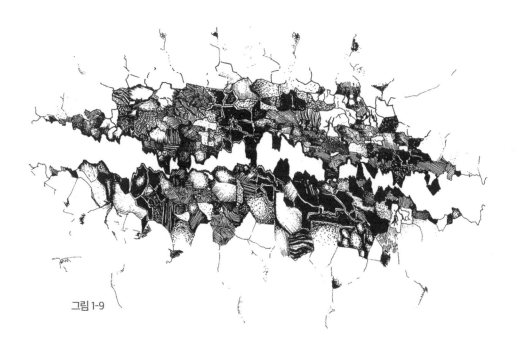

그림 1-9

이런 평행 운동에 의해 발생한다. 하지만 자연적인 상태와 인공적인 상태에서 드물지만 공통적으로 발견되는 마모와 침식 유형도 두 가지 있다. 첫째는 표면과 직각을 이루는 방향으로 주로 진행되는 유형이고, 둘째는 여러 방향으로 진행되는 유형이다. 강철로 만든 모루를 두드리는 망치, 바람이 없을 때 수직 방향으로 바위에 떨어지는 빗물, 폭풍이 부는 동안 자동차 창문에 거세게 부딪히는 모래 알갱이는 수직 마모 현상을 보여주는 대표적인 예다. 평행운동과 달리 이런 움직임은 표면을 깎아내 거칠게 만든다. 금속을 망치로 내려치면 금속 조각이 분리되며, 오랫동안 계속 내리는 비는 바위를 깎아내어 미세하게 파인 자국을 만들고, 모래바람이 몰아치면 단단한 표면이라도 매우 빠르게 손상되어 파인 자국이 생긴다. 광물 표면과 직각 방향으로 물이나 화학물질이 표면에 침투해도 매우 비슷한 결과, 즉 광물의 표면이 파여 거칠어지는 결과가 발생한다. 하지만 곤충과 불도 비슷한 결과를 낳는다. 곤충과 불은 물체 안으로 직접 침투해 그 물체를 고르지 않게 제거하기 때문이다. 수직 마모는 상당히 큰 규모로 일어나기도 한다.

물체에서 침식을 일으키는 요인들은 모두 같은 방향으로 침식을 일으키지는 않는다. 이 요인들은 모든 방향으로부터 작용할 수 있다. 마모는 여러 방향으로 일어날 수 있다. 해안에 있는 화강암은 파도와 다양한 각도로 계속 부딪히면서 구성 광물의 일부를 잃음에 따라 표면이 올록볼록해진다. 사람들이 계속 밟고 다녀 닳은 연석, 사람들이 계속 손으로 만져 닳은 문손잡이, 계단 난간의 손잡이, 지하철 손잡이, 자동차 운전대는 여러 방향으

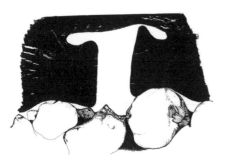

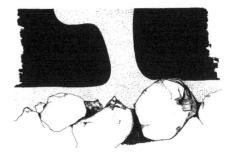

그림 1-10 A

그림 1-10 B

그림 1-10 A, B

타이어 표면과 마르고 매끄러운 시멘트 도로의 접촉점을 확대하면 그림 1-10 A와 같은 모습이다. 도로 표면의 튀어나온 부분들과 타이어의 접촉이 상당히 견고한 상황이다. 건조한 날씨에는 타이어 표면이 도로 표면의 모양에 맞춰 잘 변형된다. 두 번째 그림은 물에 젖은 도로에서 빠른 속도로 움직이는 타이어의 모습을 그린 것이다. 이 상황에서는 타이어 표면이 실제로 물 위에 떠 있기 때문에 도로의 튀어나온 부분들하고만 접촉한다. 이 현상을 수막현상hydroplaning(비가 내려 물이 계속 괴는 노면 위를 고속으로 주행할 때 타이어와 노면 사이에 물의 막이 형성되는 현상으로, 이 상황에서는 타이어가 노면을 제대로 접지하지 못한 채 물 위에 뜬 상태로 움직이게 된다 — 옮긴이)이라고 부른다. 이때 타이어는 도로 표면의 물을 덜어내면서 물 위를 활강하는 상태가 된다. 물이 윤활제와 같은 역할을 하는 상황이다.

로 무작위로 일어나는 마모 현상을 잘 보여준다. 기계에서는 이렇게 여러 방향으로 마모가 일어나는 일이 거의 없다. 기계의 움직임에는 무작위적인 요소가 거의 없기 때문이다.

모든 물질에는 고유의 특징이 있다. 물질을 제대로 이용하려면 물질 고유의 특징과 그 특징의 의미, 물질의 장점과 단점, 구조, 안정적인 형태를 이해해야 한다.

특정한 물질을 오랫동안 전문적으로 다루다 보면 물리학자, 화학자, 재료공학자보다 그 물질의 특성에 관해 더 많은 것을 알게 된다. 전문적인 교육을 받은 학자들은 어떤 물질의 특성과 구성에 대해 잘 알고 있지만, 몇 밀리미터 크기의 작은 볼트를 어느 정도의 회전력으로 박아 넣어야 확실하게 볼트가 고정되면서도 부러지지 않을지 손의 촉감으로 가늠할 수는 없을 것이다. 물질은 분류되고 정의될 수 있으며, 특성이 분석되고 구조가 인식될 수 있지만 이렇게 얻은 지식은 물질을 오랫동안 전문적으로 다룬 사람이 갖게 된 경험적 지식을 대체할 수 없다. 언제 어떻게 나뭇조각이나 쇳조각을 사용하는 것이 가장 좋을지 아는 것은 마음과 손이다. 어떤 것을 만들 때 사용되는 물질의 강도와 무게, 구조는 만드는 사람이 경험에서 얻은 정확성에 따라 결정된다. 하지만 그 사람은 어떻게 그것이 만들어졌는

그림 1-11 A, B

윤활제를 사용하는 목적은 접촉하는 두 표면 사이에 쉽게 관통되지 않으면서 전단강도 shear strength(파단 전에 그 재료가 유지될 수 있는 최대 전단응력—옮긴이)가 낮은 층, 즉 점성이 강한 층을 삽입함으로써 표면 대 표면 접촉을 감소시키는 것이다. '접촉 감소'라는 용어를 사용하는 이유는 그 어떤 윤활제도 접촉을 완전히 없앨 수는 없기 때문이다. 한 표면에는 윤활제를 관통해 다른 표면과 접촉함으로써 '용접' 효과를 일으키는 불순물이 반드시 존재한다. 윤활제가 역할을 하지 못하게 되는 상황은 두 표면을 접합시키는 힘 때문에 발생한다. 이 힘은 두 표면이 접촉하는 위치에 따라 달라진다. 특정 접촉 위치에서 온도가 올라가고 두 표면의 움직임 속도가 변해도 윤활제가 형성한 막이 붕괴할 수 있다.

윤활제는 일반적으로 경계 윤활제boundary lubrication, 박막 윤활제thin film lubrication,

그림 1-11 A

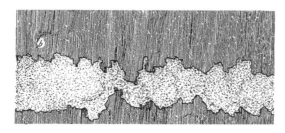

그림 1-11 B

유체 윤활제hydrodynamic lubrication의 세 유형으로 나뉜다. 그림 1-11 A는 경계 윤활제, 그림 1-11 B는 유체 윤활제를 그린 것이다. 박막 윤활제는 경계 윤활제와 유체 윤활제가 결합된 것이다. 경계 윤활제는 미세한 양의 윤활제가 움직이는 부분들을 감싸는 방식으로 작용한다. 일반적으로 농도가 낮은 기름 형태이며, 자동차 엔진처럼 빠르게 작동하는 기계에 주로 사용된다. 유체 윤활제는 자동차의 서스펜션이나 농업용 기계처럼 비교적 느리게 움직이는 기계에 주로 사용된다. 유체 윤활제는 농도가 높고 오래 유지되는 그리스 형태를 띤다.

이 두 종류의 윤활제는 기계 안에서 움직이는 거친 부분의 표면을 평평하게 만드는 방식으로 기계의 작동을 부드럽게 한다는 공통적인 특징이 있다. 현미경으로 들여다보았을 때도 완벽한 표면이 관찰되는 두 표면이 존재하고(현실에서는 불가능하다) 이 두 표면이 접촉한다면, 두 표면은 마찰 없이 서로 미끄러질 것이기 때문에 윤활제는 필요 없을 것이다.

흑연이나 활석 같은 건식 윤활제는 본질적으로 경계 윤활제다. 이 윤활제들을 구성하는 분자들이 매우 미세한 입자이기 때문이다. 움직이는 두 부분 사이에 바르면, 이 윤활제는 그 부분들을 미세하게 감싸는 방식으로 두 표면이 '미세 용접'되는 현상을 억제한다. 회철grey iron 같은 금속은 흑연을 매우 많이 포함하고 있어 근본적으로 마모 저항성이 매우 높다.

지 기술적인 용어로 설명하지 못할 수도 있다.

150년 전, 나무와 단철forged iron(두드려 펴서 원하는 형태로 만든 철―옮긴이)은 그 후에 올 산업화 시대의 토대를 제공했다. 당시의 대장장이, 마차 제작자, 통 제조업자, 선박 용품 판매자, 농부 등 수많은 사람이 대부분 나무와 단철로 물건을 만들고 그 물건들을 수리해 사용했기 때문에 나무와 단철은 대부분의 사람이 잘 알고 있는 소재였다. 당시의 농부들은 헛간 뒤에 놓인 작업대에서 단철과 나무로 도구들을 만들거나 수리하곤 했다. 농부의 작업대 위에는 단철로 갓 만든 갈고리, 손잡이가 헐거워진 나무 삽, 건조한 계절이 몇 번 지난 뒤 접합 부분들이 느슨해져 수리해야 했던, 느릅나무로 앉는 부분을 만들고 호두나무로 다리를 만든 부엌 의자, 제작 중인 나무 쟁기 같은 것들이 널려 있었다. 쟁기의 몸체는 Y자 모양으로 길게 갈라

그림 1-12

연철wrought iron(성질이 물러서 단련이 가능한 철. 강철보다 탄소 함량이 매우 낮다. 단철로도 불린다―옮긴이)과 목재는 초기 산업 생산에서 기본 소재였다. 튼튼하고, 내구성이 강하고, 쉽게 구하고 쉽게 가공할 수 있었다. 대부분의 농촌 지역에서는 자체적으로 연철과 목재로 물건을 만들었다. 농촌 지역의 일부 장인은 목 가공과 철 가공 수준이 매우 높았다. 이런 장인들은 지금도 셰이커 공동체Shaker community(평등주의를 바탕으로 모든 개인 재산을 공유하며, 의복·가구·생활용품 등을 만들어 자급자족 생활하는 기독교 공동체―옮긴이)에서 찾아볼 수 있다.

그림의 걸쇠는 단순하지만 우아한 연철 가공의 예다. 이 걸쇠를 만든 셰이커 공동체의 대장장이는 그것이 제품으로서 기능성이 있어야 한다는 것을 이해했을 뿐 아니라 소재인 철의 속성과 강도 그리고 최상의 형태에 대해서도 잘 알고 있었다.

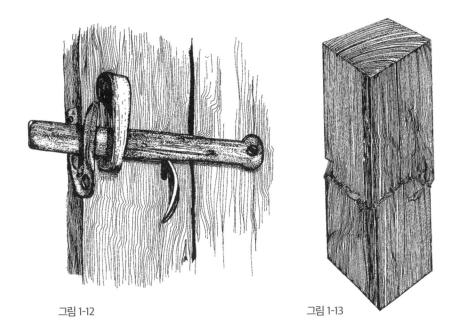

그림 1-12　　　　　　　　　　　　　　　　　　　　그림 1-13

그림 1-13

많은 물체에서 결은 물체가 지닌 힘의 원천이다. 그림에서 보이는 가로와 세로가 각각 4인치, 높이가 10인치인 가문비나무 목재는 8만 파운드의 압력을 받았다. 수직 방향 결 하나하나가 작은 기둥의 역할을 했으며, 그 각각의 결은 다른 결들을 측면에서 강화했다. 이 목재는 약한 지점부터 갈라지기 시작해 수평 방향으로 빠르게 와해했다. 그 후 각각의 결은 세 지점에서 구부러지고 갈라졌고, 그로 인해 주름 효과가 발생해 목재 전체 길이가 16분의 3인치 정도 줄어들었다. 부분들이 합쳐져 섬유 구조 즉 '결'을 형성하면, 그것들이 전체 형태의 흐름과 같은 방향으로 나란히 정렬하면서 부분들이 교차하는 지점의 강도가 높아진다. 즉, 섬유 구조는 물체 전체의 형태를 나타낸다고 할 수 있다.

그림 1-14

과거의 목수들은 가지들이 붙어 있는 상태로 나무 몸통을 자르곤 했다. 그들은 이렇게 잘라낸 나무 몸통을 각진 모양으로 다듬고, 나무 몸통과 그 나무 몸통에 달린 가지가 이루는 각진 부분을 버팀대 귀잡이(가로 방향의 목재와 세로 방향의 목재가 만나는 구석 부분에 비스듬히 대어 고정하는 목재—옮긴이)로 이용했다. 이 버팀대 귀잡이는 자연적으로 형성된 갈래 부분으로 흐르는 결을 따라 만든 것이기 때문에 매우 튼튼했다. 이 효과는 단철의 교차 부분에서 흐르는 섬유질 결에 의한 효과와 매우 동일하다(그림 1-15 C 참고).

그림 1-14

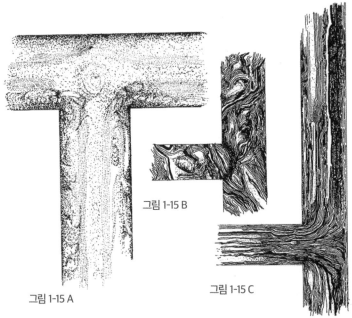

그림 1-15 B

그림 1-15 A

그림 1-15 C

그림 1-15 A, B, C

물체의 구조적 특성은 강도를 결정하기 때문에 결과적으로는 형태도 결정하게 된다. 그림 1-15 A는 쇳물을 부어 만든 T자 형태의 주철(무쇠)이다. 액체 상태의 철을 주형틀에 부으면, 철은 결정화되면서 굳는다. 주철은 결을 형성하는 성질에 의해 구조가 더 튼튼해지지는 않는다. 그림 A의 주철에서는 상대적으로 얇은 부분에서 파열이 일어나기 쉽다. 주철은 단단하지만 구조가 불안정하기 때문에 큰 형태의 구조물을 만드는 데 더 적합하다. 그림 1-15 B는 강철 2개를 용접해 만든 기계 부품의 구조를 그린 것이다. 강철은 '섬유질'로 구성되기 때문에 결 구조를 가진 주철에 비해 자르는 데 훨씬 더 많은 힘이 든다. 하지만 이 그림에서 보이는 T자 모양 강철의 '섬유질'은 고르게 정렬되어 있지 않다. 이 강철의 섬유질 배치는 강철의 형태와 일치하지 않는다. 그림에서 교차 부분은 적절하게 용접되어 있지만, 강철의 섬유질 흐름은 강철의 형태의 흐름을 따르지 않는다. 그림 1-15 C는 단철이다. 이 단철은 고체 상태로 흘러 형태를 이룬 철이다. 고체 물질의 이런 흐름 때문에 이 구조의 교차 부분은 그림 A와 그림 B의 교차 부분보다 훨씬 튼튼해진다.

진 참나무 줄기와 가지를 그대로 이용해 만들었기 때문에 구조가 매우 튼튼했다. 이런 형태들은 철과 나무의 장점을 그대로 이용해 만들어졌으며, 매우 유용하게 사용되었다. 또 철과 나무라는 두 소재는 다양한 방식으로 결부되었다.

이 두 소재의 가장 중요한 유사점은 둘 다 발달 과정에서 발생하는 결이 있으며, 이 결은 인간이 사용할 수 있도록 이 두 소재를 튼튼하게 만든다는 것이다. 단철의 결은 그것이 특정한 형태의 물체로 만들어지는 과정에 영향을 미치며, 나무의 결은 그것이 특정한 패턴으로 가지를 성장시키는 과정에 영향을 미친다.

물체를 이해하려면 반드시 물체의 결 구조를 이해해야 한다. 지구를 구성하는 물체들은 한 형태에서 다른 형태로 흐르면서 형태가 흐른 과정을 드러내는 흔적을 자신의 구조 안에 남긴다. 산사태로 무너져 내린 흙이나 빙하를 위에서 보면 흐름의 방향과 평행한 방향으로 움직임을 보여주는 선들을 관찰할 수 있다. 이 선들은 빙하나 흙이 흐르면서 흡수한 다양한 외부 물체들과 모양이 불규칙한 물체들에 의해 형성된 것이다. 이 외부 물체들과 모양이 불규칙한 물체들은 흐르는 빙하나 흙 전체의 길이에 영향을 미친다. 나무나 단철의 결도 이와 비슷한 방식으로 그것들의 형태 안에서 흐른다. 완전히 자란 큰 나무를 가지들의 끝부분에서 몸통을 거쳐 뿌리까지 나무의 길이 방향으로 반으로 자르면 그 나무의 결의 흐름이 나무의 윤곽을 따라 형성되어 있는 것을 볼 수 있다. 나무가 잘린 단면을 보면 나무의 결들이 뿌리에서 시작해 줄기를 거쳐 큰 가지에서 작은 가지로 평행을 이루면서 이어지는 것을 알 수 있다. 나무 또는 나무로 만든 제품을 강하게 만드는 것이 바로 이 결이다.

목재를 다루던 과거의 장인들은 목재의 이 구조적 특성을 잘 알고 있었으며, 오늘날 목재를 이용해 제품을 만드는 사람들보다 그것을 훨씬 더 잘 이용했다. 과거의 장인들은 평평한 부분에 결을 위치시키는 법을 잘 알고 있었을 뿐 아니라 나무의 자연적인 곡선을 이용해 자신이 만드는 제품에 곡선 모양을 부여할 수 있었다. 이들은 제품에 교차 부분이 필요할 때 가능한 한 나뭇가지의 교차 부분을 그대로 제품에 사용했다. 이들은 마치 두 줄기 강물이 합쳐지듯이 나무의 결을 따라 목재들이 자연스럽게 교차하게 만드는 방식을 사용했다. 대장장이의 망치질로 만들어지는 철도 철의 형태로 흐르면서 양파껍질들의 모양이 양파의 층과 똑같은 결로 만들어지듯이 비슷한 결을 지니게 된다.

현재 사용되는 소재들은 과거에 사용되던 소재들보다 훨씬 더 많은 이해가 필요하다. 현대는 대량생산의 시대이기 때문에 자칫 실수를 하면 하나의 제품에만 영향을 미치지 않고 수많은 제품에 영향을 미치기 때문이다. 현대의 소재들은 과거의 소재들보다 복잡하며, 소재의 가공도 매우 큰 규모로 정교하게 이루어진다. 현재는 단철이 소재로 거의 사용되지 않지만, 과거에 대장장이가 하던 일은 소재만 바뀐 채 지금도 계속 이루어지고 있다. 이 과정에서 철이 강철로 바뀌고, 썰매가 자동차로 바뀌고, 망치가 압착기로 바뀌었지만 금속은 지금도 여전히 흐른다. 우리가 현재 철기시대에 살 수 있는 것은 강철의 흐르는 능력 덕분이다.

2만 톤에 상당하는 무게로 물체를 압착할 수 있는 스탬핑 프레스stamping press(금형으로 눌러 금속을 변형해 그 금속을 일정한 형태로 만들거나 절단하는 데 사용되는 기계—옮긴이)는 시속 140킬로미터의 속도로 위쪽 금형을 떨어뜨려 아래쪽 금형 위에 놓인 얇은 강철판을 누른다. 1초도 안 되는 짧은 시간 안에 하강한 위쪽 금형이 아래로 불룩한 부분으로 강철판을 눌러 구부리고, 강철판은 아래로 불룩하게 구부러진 모양으로 변한다. 두 금형은 이런 동작을 여러 번 수행해 강철판을 굴곡이 있는 모양으로 변화시킨다. 이 과정에서 강철판을 구성하는 분자들이 재배치되어 부피가 재조정되고, 표면적이 넓어지면서 더 얇고 부드럽게 펴진다. 이 과정이 가능한 것은 차가운 금속이 흐를 수 있기 때문이다. 그 후 두 대의 금형은 서로 분리되고 이렇게 변형된

그림 1-16 B

그림 1-16 A

그림 1-16 A, B

한 대장장이가 쇠막대를 두드려 만든 송곳(그림 1-16 A). 부드러운 곡선 형태의 이 송곳은 연철이 얼마나 가공하기 쉬운지를 잘 보여주는 예다. 이 송곳의 형태와 주철로 만든 울타리 장식(그림 1-16 B)의 형태를 비교해 보자. 이 두 형태는 각각 그 형태를 만드는 데 어떤 소재를 사용해야 하는지 명확하게 보여준다. 연철로 송곳을 만드는 것은 적절한 일이지만, 주철로 울타리 장식을 만드는 것은 적절한 일이 아니다.

그림 1-16 B는 주철로 만든 묘지 울타리 장식이다. 이 울타리 장식은 남쪽 나라인 스페인과 모로코에서 연철로 만드는 울타리 장식을 본떠 주철로 만든 것이다. 연철은 튼튼하고 잘 깨지지 않지만, 습도가 높은 북쪽 나라에서는 빠르게 녹이 슬기 때문이었다. 하지만 주철은 녹이 잘 슬지 않는다는 장점은 있지만, 얇은 부분에서 파열되기가 매우 쉬웠다. 북쪽 나라에서 주철로 만든 울타리 장식은 녹이 슬어서가 아니라 파열되어 수명을 다했다.

강철판은 성형 프레스를 거쳐 자동차 후드가 되어 도색된다. 두께 4피트, 길이 8피트였던 이 강철판은 스탬핑 프레스를 거쳐 성형 프레스forming press 에서 롤러에 눌려 최종적으로 두께 16분의 1인치, 길이 수백 피트의 얇은 판이 된다.

현대의 모든 소재 중에서 가장 신비로운 것은 플라스틱이다. 아쉽게도 플라스틱을 설계하고 제작하는 사람들은 기존의 비싼 소재들을 대신할 수 있는 플라스틱의 가장 보편적인 능력만을 사용하는 데 만족하고 있다.

다음의 두 문단은 같은 상황에 대한 다른 두 설명이다. 첫 번째 문단은 사람들이 생각하는 장면을, 두 번째 문단은 실제 장면을 묘사한다.

손님이 식당 바에 앉는다. 이 손님이 앉아 있는 스툴(팔걸이가 없는 의자 — 옮긴이)의 시트는 까만색 가죽으로 되어 있다. 손님은 팔꿈치를 체리나무로 만든 매끄러운 바 카운터 위에 올려놓는다. 손가락을 뻗어 참나무로 만든 작은 그릇에 담긴 땅콩을 집는다. 이 그릇에는 황동으로 만든 테가 둘러져 있다. 손님은 유리잔을 들어 물을 한 모금 마신다. 손님 밑에는 단단한 목재로 만들어진 바닥재가 깔려 있고, 그것은 바의 스테인드글라스 밑까지 이어져 있다. 손님 위로는 손으로 깎은 참나무 들보들이 희게 칠해진 천장을 떠받치고 있다. 까만색 전화기가 바 뒤쪽에 놓여 있다.

손님이 식당 바에 앉는다. 이 손님이 앉아 있는 스툴의 시트는 스티로폼이 채워져 있고, 가죽 모양의 비닐로 싸여 있다. 손님은 팔꿈치를 체리나무의 결이 새겨진 인조 목재에 광택제를 발라 만든 바카운터 위에 올려놓는다. 손가락을 뻗어 폴리프로필렌 그릇에 담긴 땅콩을 집는다. 이 그릇에는 폴리우레탄으로 만든, 금속처럼 보이는 테가 둘려져 있다. 손님은 주입 주조 방식을 이용해 스타이렌으로 만든 잔을 들어 물을 한 모금 마신다. 손님 밑에는 나뭇결 모양이 그려진, 플라스틱으로 만든 호박색 아크릴판으로 만든 바닥재가 깔려 있고, 그 위로 압출 방식으로 만든 우레탄 들보들이 바위 표면처럼 보이는 시트가 발라진 천장을 떠받치고 있다. 까만색 전화기가 바 뒤쪽에 놓여 있다.

이 두 묘사에서 같은 소재로 만들어진 물체는 전화기밖에 없다. 전화기는 처음부터 기존의 전통적인 소재를 이용해 만들어진 것이 아니기 때문이다. 이 모방과 속임수의 무대에서 모든 물체는 마감 칠이 모방되었고, 그 물체의 형태는 원래의 형태와 놀랍도록 비슷하게 만들어졌다. 이런 상황에서는 물체를 손으로 직접 만져보아야 그 물체가 눈에 보이는 것과 같은 소재로 만들어지지 않았다는 것을 확인할 수 있다. 천장을 떠받치고 있는 우레탄 들보는 진짜 참나무 들보처럼 보인다. 그렇다면 이 상황에서 우리는 이런 의문을 품게 된다. 우레탄 들보가 우리가 원하는 효과를 낸다면 그 들보가 참나무로 만들어진 들보든 우레탄으로 만든 들보든 상관없지 않을까? 이 의문에 대한 답은 이 상황이 진짜 소재로 정직하게 들보를 만든 사람을 무시하고 있다는 사실, 그리고 소재의 가능성이 현실화하지 않았고 표현 방식이 탐구되지 않았다는 사실을 드러낸다는 데 있다.

플라스틱은 나무, 강철, 황동, 가죽 등 다양한 소재의 외관을 매우 비슷하게 흉내 낼 수 있다. 플라스틱은 그것이 모방하는 소재보다 더 뛰어난 기능을 나타내기도 한다. 하지만 플라스틱을 다른 소재 대신 사용하는 것의 가장 나쁜 점은 그것이 다른 소재처럼 보이도록 만든다는 사실이 아니라 그 자체의 복잡한 표현 양식을 무시한다는 사실에 있다. 자연적인 소재들처럼 플라스틱에도 플라스틱만의 규칙, 즉 그것의 질을 결정하는 제조 방식이 있다.

전 세계 인구의 5분의 1은 플라스틱으로 만든 신발을 신고 다닌다. 수많은 나라의 가난한 사람들이 신는 흰색 폴리프로필렌 샌들은 단돈 몇천 원짜리 싸구려 신발이다. 이런 플라스틱 신발, 밑창, 끈은 한 번의 주입 주조 공정으로 만들어진다. 이런 신발은 어떤 상황에서도 가죽보다 오래가며, 다른 소재로는 이 정도의 내구성을 구현할 수 없다. 플라스틱은 다른 소재들을 모방할 수 있지만, 다른 소재들은 플라스틱의 모든 기능을 가질 수 없다. 역할이 역전되어 플라스틱이 자연적인 소재로 여겨진다면, 즉 플라스틱이 옛날부터 자연에서 발굴되었지만 지금은 희귀해진 소재이고 청동이 새로 개발되어 현재 풍부하게 생산된다면, 사람들은 청동을 플라스틱처럼 보이게 만들려고 상당한 노력을 기울일 것이다.

종이, 유리, 모래, 연기 등을 비롯한 모든 물질은 사람이 사용하든 사용하지 않든 고유의 특징이 있다. 자연적인 물질은 유형이 변할 뿐 아니라(예를 들어 나무는 돌로 변할 수 있다), 유형이 변할 때 특징도 같이 변한다. 나무 하나 하나는 모두 다르며, 나무 안에서도 몸통부터 가지에 이르기까지 모든 부분이 다르다. 예를 들어 나무뿌리는 구불구불하고, 나무 몸통의 바깥 부분은 부드럽고 구부러지기 쉬우며, 나무의 중심 부분은 바깥 부분보다 강하고, 나무의 가랑이진 부분은 매우 단단하다. 나무의 가랑이진 부분이 매우 단단한 것은 나무가 가지를 수평 방향으로 강하게 붙잡을 수 있을 정도의 힘을 이 부분에서 키웠기 때문이다.

구조물, 특히 움직이는 구조물에 가해지는 힘은 지점마다 상당히 다르다. 구조물에는 유연해야 하는 부분도 있고 단단해야 하는 부분도 있다. 비행기 날개를 구성하는 알루미늄판은 끝부분과 중간 부분에 실리는 하중이 매우 다르지만, 전체가 균일한 성분으로 만들어진다. 항공공학자들은 비행기 날개 구조의 이러한 하중 문제를 긴뼈를 가진 동물들이 자연적으로 이 문제를 해결하는 것처럼 잘 해결해 내지는 못하고 있다. 동물들의 다리뼈는 끝부분이 유연해야 하며, 다리뼈의 중심 부분은 끝부분보다 단단해야 한다. 동물의 다리뼈는 언뜻 보아도 유연함과 단단함이 놀랍도록 조화를 이루고 있다. 비행기 날개의 구조적 문제를 해결하려면 무기물에서 유연함과 단단함의 이런 조화를 구현할 수 있어야 한다. 유리막대는 매우 딱딱하지만 구부리려고 하면 금세 깨진다. 하지만 같은 양의 유리를 미세한 구슬로 만들면 유리막대의 인장강도와 유연성을 동시에 갖게 되어 부서지지 않는 매듭을 만들 수 있다. 마치 동물 뼈의 끝부분 근처의 잔 기둥 trabecula(지주)들에 의해 뼈의 유연성이 구현되고, 뼈의 중심 부분으로 갈수

그림 1-17

일반적으로 동물은 구조와 구성 물질 면에서 인간이 만든 물체보다 정교하다. 동물의 뼈는 힘을 조화롭게 흡수할 수 있는 구조로 되어 있다. 뼈의 단단한 부분을 구성하는 섬유질(지주)이 외부의 힘에 저항할 수 있도록 정렬되어 있으며, 동물의 긴뼈는 단위 무게당 매우 큰 하중을 견딜 수 있는 강한 튜브 모양을 하고 있다. 단단한 뼈 껍질 안의 물질은 중심축(골간diaphysis) 근처에서는 매우 딱딱하고 뼈의 끝부분에서는 매우 부드럽다. 따라서 중심축 부분에서는 뼈가 단단하고 끝부분에서는 부드러워 충격과 응력을 흡수할 수 있다. 이 그림에서는 이렇게 부드러운 부분에서 단단한 부분으로 점차 변화하는 구성을 가진 인간의 척골ulna(팔꿈치에서 팔목까지의 전완을 구성하는 2개의 뼈 중 안쪽에 있는 뼈—옮긴이) 구조가 보인다(인간의 척골은 척추동물이 가진 긴뼈의 특성을 잘 나타낸다). 척골 끝의 움푹 들어간 접합부에서의 움직임은 활막액synovial fluid(체내 주요 관절의 충격 흡수제와 윤활제로 기능하는 끈적끈적한 액체—옮긴이)에 의해 부드러워진다. 또한 이 접합부는 활막액이 가득 찬 부드럽고 투명한 스펀지 형태의 연골인 유리연골hyaline cartilage에 둘러싸여 있으며, 유리연골은 석회화된 연골(미네랄 염에 의해 단단해진 연골)에 의해 지탱된다. 이때 뼈의 중심 부분 쪽으로 연골하골subchondral bone이 움직인다. 연골하골은 부드러운 스펀지 형태이지만 연골보다는 단단하다.

그림 1-17

록 그 유연성이 강직성으로 변화하는 것과 비슷한 현상을 무기물로 만든 물체에서 구현할 수 있는 것이다.

지구상에 존재하는 물질들의 구조는 그것들이 환경으로부터 받는 힘에 저항하기 위해 결합하는 방식으로 결정된다. 따라서 구조는 형태를 가장 직접적으로 결정한다.

origins of *form*

2

—

구조

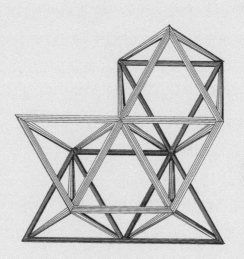

숲속에서 나무들은 햇빛을 받으려고 서로 경쟁하면서 가늘고 곧은 형태로 높게 자란다. 하지만 사방이 트인 벌판에서는 햇빛을 충분히 받으면서 자라기 때문에 키가 작고 둥근 형태에 가깝다. 나무의 환경은 나무의 형태를 조절하는 데 역할을 하지만, 비·눈·바람·중력 같은 요소에 맞서 나무의 형태를 유지하는 것은 나무를 구성하는 물질과 구조다.

위쪽에 있는 긴 가지들의 나무 섬유들은 아래로 당기는 중력의 영향을 받아 팽팽한 상태를 유지하며, 아래쪽에 있는 가지들의 나무 섬유들은 서로 붙어 있다. 중력이 구부러진 가지들을 아래로 당기면서 나무 안쪽에서는 비틀림이 발생하고, 바람이 가지와 몸통을 흔들면서 나무 섬유들 사이에서 전단shear(어긋남) 변형이 발생해 가지와 몸통은 다양한 방향으로 구부러진다.

나무가 받는 이 다섯 가지 힘 즉 팽팽하게 만드는 힘(인장력 또는 장력), 압축력, 비틀리게 만드는 힘, 어긋나게 만드는 힘, 구부러지게 만드는 힘은 지구 상에 존재하는 모든 형태가 공통적으로 받는 힘이다. 이 힘들을 받아 발생하는 것이 바로 구조다. 구조는 용도에 부합하는 가장 좋은 형태로 구성 요소들을 가장 적절하게 배치함으로써 가장 적은 양의 물질로 가장 큰 내구력을 만들어내는 방식이다. 또한 구조는 응력stress(응력이란 기본적으로 외력에 대해 내부에서 발생하는 저항력을 뜻하며, 구체적으로는 외부로부터 힘을 받아 변형을 일으킨 물체의 내부에 발생하는 단위면적당 힘을 뜻한다—옮긴이) 발생에 가장 적당한 재료로부터 구축된다.

구조는 한 방향으로 초점이 맞춰져 있다. 최소로부터 최대를 구현하는 것이 구조의 유일한 목적이다. 구조는 질량과 부피를 구축해 강한 어떤 것을 만들어내는 방법이 아니라 적은 양의 물질을 가장 적절하게 이용함으로써 내구력을 구현하는 방식이며, 이미 존재하는 요소들이 최대한으로 사용되었을 때만 구성 물질을 추가하는 방식이다. 즉, 구조는 경제성을 추구하는 방식이다. 하지만 이때 경제성은 단순히 구성 물질을 적게 사용한다는 뜻은 아니다. 구조의 경제성이 없다면 새나 비행기는 날지 못할 것이다. 구조의 경제성을 확보하지 못한 새나 비행기는 구조 자체의 취약성 또는 무게 때문에 땅으로 떨어질 것이다. 재료의 경제성이 없다면 다리는 자체의 무게를 지탱할 수 없을 것이고, 나무도 그럴 것이다. 어떤 생명체나 물체가 크면서 가볍고, 강하면서 빠르게 움직일 수 있는 이유의 대부분은 구조에 있다. 경제성은 포스 로드 다리Forth Road Bridge(스코틀랜드 에든버러와 파이프를 연결하는 현수교—옮긴이)처럼 수백만 킬로그램이 넘는 거대한 구조에 적용되

그림 2-1

그림 2-1

이 나무는 바람의 압력에 부러지면서 세 가지 주요한 응력을 드러내고 있다. 나무의 밑동과 뿌리는 위쪽 가지들에 가해진 바람의 압력에 저항했다. 나무의 파열은 몸통의 중간에서 시작되었다. 나무가 크게 부러진 부분은 바람이 분 방향으로 부러져 있다. 나무가 부러지면서 그 부러진 부분의 나무 섬유들이 팽팽하게 당겨져 있는 것을 볼 수 있다. 그 부러진 부분의 반대쪽은 경첩 역할을 했다. 이 부분에서 나무는 압축되어 있다. 한 부분이 당겨진 결과로 반대쪽 부분이 압축된 것이다. 이 두 부분 사이에는 압축되지도 긴장되지도 않은 중립적인 부분이 존재한다. 그것은 전단 변형과 구부러짐이 발생하는 부분이며, 여기서는 하나의 힘이 다른 힘을 미끄러져 지나가는 활주 현상sliding action이 나타난다.

그림 2-2

그림 2-2
물체가 커질수록 더 큰 힘이 물체에 작용하므로 다리처럼 복잡한 구조는 최대한 형태의 경제성을 확보할 수 있도록 매우 정교하게 설계되어야 한다. 이런 구조에서는 최대한의 역할을 하는 재료만 사용되어야 하며, 필요 이상의 재료가 사용되어서는 안 된다. 스코틀랜드 테이강 위에 포스 로드 다리를 건설한 사람들이 내린 결정이 바로 그러했다. 다리의 모든 구성 부분과 배치는 경제성 측면에서 고려되었다. 무게가 늘어나면 구조가 커질 수밖에 없기 때문이다. 압축력을 받는 모든 부분은 튜브 형태로, 장력을 받는 모든 부분은 열린 격자 대들보 형태로 만들어졌다. 이렇게 구조의 경제성을 구현함으로써 다리의 모든 구성 부분이 고유의 역할을 할 수 있게 되었다.

면, 전혀 다른 의미를 갖기 시작한다. 이 다리는 145에이커(587제곱미터)에 이르는 엄청난 양의 강철판을 사용하면서도 재료의 경제성을 최대한 구현해 만든 구조다.

연, 비행기, 새의 가장 중요한 목적은 공기에만 의존해 공중에 떠 있는 것이다. 최소한의 노력으로 이 목적을 달성하려면 비행하는 물체나 유기체

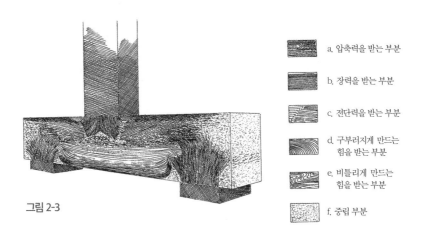

a. 압축력을 받는 부분

b. 장력을 받는 부분

c. 전단력을 받는 부분

d. 구부러지게 만드는 힘을 받는 부분

e. 비틀리게 만드는 힘을 받는 부분

f. 중립 부분

그림 2-3

그림 2-3
양 끝에서 지지되어 중앙에 하중을 받는 빔 내부에 작용하는 힘을 분해하여 볼 수 있다면 그림과 같은 모습일 것이다. 가로 빔과 세로 빔의 각 접촉점 안에서 압축력이 증가하고, 그 압축력은 가로 빔 전체에 걸쳐 엇갈리게 만드는 힘 형태로 퍼진다. 압축력은 외부의 힘과 가까운 부분에서 가장 강력하며, 네모 모양의 두 조각이 받치고 있는 가로 빔의 아래쪽 중간 부분으로 퍼진다. 장력과 압축력은 중립 부분인 중앙 부분으로 이동할수록 약해진다. 가로 빔의 양쪽 끝은 힘들의 흐름 사이에 있는 다른 부분들처럼 중립적이다. 엇갈리게 만드는 힘인 전단력은 서로 대립하는 힘들이 만나는 부분에서 발생한다.

의 구성 재료가 가벼우면서도 튼튼해야 한다. 비행하는 물체나 유기체는 격렬한 움직임을 견딜 수 있을 정도로 강도가 높아야 하지만, 그 수준을 넘어서면 안 된다. 사용하지 않는 재료가 추가되어 구조가 과도해지면 물체나 유기체의 무게가 늘어나 비행 기능을 방해하기 때문이다. 반면, 코끼리나 사무실 건물 같은 구조에서는 강도와 무게의 비율이 별로 중요하지 않다. 코끼리나 사무실 건물은 더 무겁지만, 구조적으로 특화된 재료를 사용하여 하중이 늘어나는 것을 견딜 수 있기 때문에 구조가 커지는 데 별 문제가 없다.

모든 일에는 구조적으로 완벽한 형태가 존재한다. 그 완벽한 형태가 무엇인지 알 수 없을 수도 있지만, 그럴 것이다. 그러나 모든 재료의 질, 하중의 종류, 환경 조건이 서로 다르기 때문에 완벽한 구조는 이 모든 변수가 고려될 때만 결정될 수 있다.

모든 구조적 시스템 안에는 가장 정교하게 그 구조의 기능이 세분될 수 있는 형태를 결정할 수 있는 요소가 무한히 존재한다. 단면이 직사각형인 긴 목재의 중심부 위에 하중이 놓인다면, 이 목재는 하중을 양 끝으로 분산할 것이고, 하중은 그 양 끝에서 아래 방향으로 전달될 것이다. 이 상태에서 이 목재를 가볍게 만들면서 같은 하중을 견딜 수 있게 하려면 어떤 부분을 제거하는 것이 가장 좋을까? 이것은 목재의 어떤 부분이 가장 많은 일을 하는지, 그리고 목재의 일부를 떼어낼 때 어떤 요소들을 고려해야 하는지 묻는 질문이다.

목재가 고정하중dead load(구조물 자체의 무게나 구조물의 존재 기간 중 지속적으로 구조

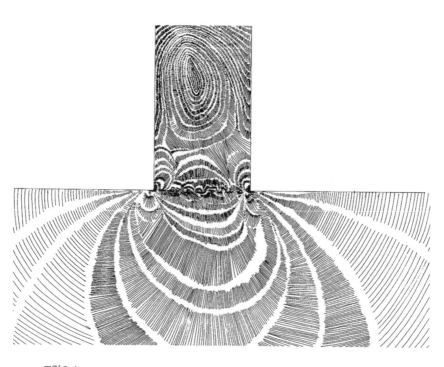

그림 2-4

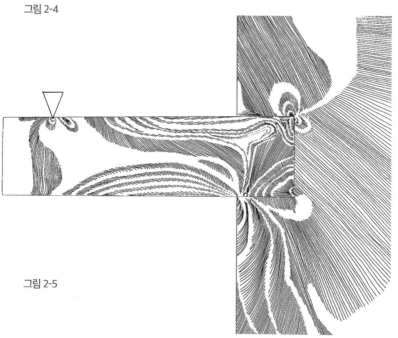

그림 2-5

물에 작용하는 수직 방향의 하중—옮긴이)을 감당할 수 있을 정도로만 그것의 일부 분을 정확하게 떼어내려면, 균일하지 않은 크고 작은 결함들, 결의 길이와 방향 그리고 깊이, 내부의 다양한 세포들, 길이와 두께 그리고 높이, 하중 의 분산 정도, 양쪽을 받치는 기초 구조물의 넓이, 장력에 저항하는 정도, 각 부분에 가해지는 압축력과 전단 변형력의 세기 등 다양한 요소를 고려 해야 한다. 여기에 활하중live load, 즉 구조물을 사용함에 따라 발생하는 수 직 방향의 중력 하중까지 고려하게 되면 상황은 더 복잡해진다. 또 이런

그림 2-4

이 그림은 두 형태의 교차 부분을 보여주는 편광 사진을 기초로 그린 것이다. 세로 빔이 가로 빔을 밑으로 누르고 있다. 이 힘은 모서리에서 가장 강하며 가로 빔 안에서 방사형 원 모양으로 퍼지면서 줄어든다. 세로 빔에서는 상황이 더 복잡하다. 접촉점 바로 근처의 중심 부분에서 원 형태로 압축력이 나타나기 때문이다. 이 압축력은 대부분 세로 빔의 바 깥쪽 가장자리들을 향한다. 원통 모양이나 직사각형 모양처럼 일반화된 형태가 아니라 면, 힘이 어떻게 분산될지 생각해 보는 것도 흥미로운 일이다.

그림 2-5

이 그림이 묘사하는 상황은 그림 2-4의 상황과 비슷하지만, 이 그림에서는 빔이 외팔보 cantilever(한쪽 끝은 고정되고 다른 쪽 끝은 자유로운 상태의 빔—옮긴이) 위치에 있다. 그림 에서 역삼각형은 하중을 받는 위치를 나타낸다. 이 그림에는 장력과 압축력이 표시되어 있지 않지만, 그 힘들이 어디에서 작용하는지 쉽게 알 수 있다. 가장 힘을 많이 받는 부분 은 역삼각형과 접촉하는 가로 빔의 바깥쪽 가장자리와 가로 빔의 안쪽 가장자리다. 즉, 가로 빔의 윗부분은 장력을 받고 아랫부분은 압축력을 받는다. 이때 가로 빔이 위치를 벗 어나기 위해 회전하면, 전단력이 작용하는 부분과 비틀리게 만드는 힘이 작용하는 부분 이 계속 늘어난다.

식으로 구조를 제거한 결과로 얻어지는 최종 형태는 매우 복잡한 데다 균일하지 않을 것이고, 현실적으로 이 최종 형태를 만들기는 불가능에 가까울 것이다.

하지만 이 방법은 현실적으로 불가능에 가깝기는 하지만, 유용한 방법이다. 이렇게 만든 형태는 하중과 재료에만 반응할 것이기 때문이다. 이 형태는 무게의 분산과 전이를 보여주는 3차원 다이어그램이며, 필요한 경우에만 응력의 방향으로 정렬해 응력을 감당하는 재료로 구성된 기둥이 될 것이다. 즉, 이 형태는 완벽한 구조의 기초가 될 수 있다는 뜻이다.

삼각형 모양으로 연결된 트러스truss(여러 개의 직선 빔을 1개 또는 그 이상의 삼각형 형태로 배열하고 각각의 빔을 절점에서 연결해 구성한 뼈대 구조—옮긴이)의 강성을 이용한 트러스교truss bridge는 이런 방식으로 만들어진 다리다. 물론 트러스교를 건설하기 전에 미리 도면에서 계산이 끝나야 한다. 실용적인 측면을 고려한 결과로 나타난 트러스교의 통일성이 구조를 더 거칠게 만든다. 빔을 이용해 이런 방식으로 만든 트러스교는 부분부분의 모양이 매우 다양하며, 그 모양은 이 빔들이 사용되는 부분에서의 다양한 필요성에 대응한다.[9]

힘을 받는 모든 구조에는 다섯 가지 힘 즉 압축력, 장력, 비틀림 힘, 전단력, 굽힘 힘이 작용한다. 구조의 다른 측면들을 살펴보기 전에 이 다섯 가지 힘이 구조와 형태를 어떻게 조절하는지 이해하는 것이 중요하다.

압축력은 이 힘들 중에서 가장 간단하고 기본적인 힘이다. 압축력은 모든 물체를 지구 중심으로 끌어당기는 중력의 직접적인 표현이다. 이 압축력을 받아 물은 낮은 곳으로 흐르고, 흙은 지구의 지각 쪽으로 서서히 이

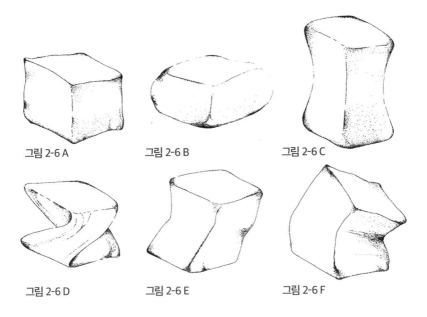

그림 2-6 A   그림 2-6 B   그림 2-6 C

그림 2-6 D   그림 2-6 E   그림 2-6 F

그림 2-6 A, B, C, D, E, F
유연하고 부드러운 고무 육면체가 다섯 가지 중요한 힘에 반응하는 방식. 응력을 전혀 받지 않는 상태의 고무 육면체(그림 2-6 A), 압축력을 받아 눌린 고무 육면체(그림 2-6 B), 장력을 받아 늘어난 고무 육면체(그림 2-6 C), 비틀리게 만드는 힘을 받아 뒤틀린 고무 육면체(그림 2-6 D), 두 가지 전단력에 의해 두 부분으로 나뉘는 고무 육면체(그림 2-6 E), 구부러지게 만드는 힘에 의해 휘어지는 고무 육면체(그림 2-6 F).

동한다. 중력 때문에 인간이 만든 구조는 대부분 압축력의 영향을 받는다. 건물의 기둥, 다리의 교각, 철탑, 벽은 다리나 인방lintel(구조물 벽면에 구멍이 뚫린 부분의 상·하단에 설치하는 보—옮긴이) 같은 수평 구조물을 수직 방향으로 지탱하면서 압축력을 받고, 서까래(지붕 판을 만들고 추녀를 구성하는 가늘고 긴 각재—옮긴이)와 바닥재를 지면에서 떨어진 상태로 유지할 때도 압축력을 받는다.

압축력은 볼트나 클램프(죔쇠)를 조일 때나 못을 구멍 안으로 박아 넣을 때도 발생한다. 압축력은 물체에 작용하는 모든 힘 중에서 가장 이해하기 쉬운 힘이다. 압축 하중을 받는 자연적 구조와 인공적 구조는 일반적으로 두껍고 길이가 짧다. 코끼리의 다리와 대리석 기둥이 대표적인 예다. 그 이유에 대해서는 곧 다룰 것이다.

인장력은 압축력과 반대 방향으로 작용한다는 점에서 그것과 정반대 형태를 띤다. 또한 이 두 힘은 언제나 공존한다. 인장력이 발생하면 반드시 압축력이 발생하고, 압축력이 발생하면 반드시 인장력이 발생한다. 인장 구조의 특성은 거미줄, 우산, 범선, 현수교, 자전거 바퀴 같은 형태에서 발견된다. 인장 구조는 가늘고 가볍고, 대부분 일직선의 형태를 띤다. 전선이나 천 같은 물체는 인장력이 발생하는 경우에만 사용할 수 있다.

자전거 바퀴의 살은 바퀴 테두리를 중앙으로 당기는 인장력의 지배를 받는다. 바퀴 테두리는 압축력의 지배를 받는다. 자전거 바퀴는 독립적인 인장/압축 구조다. 거미줄은 인장력의 지배를 받지만, 독립적인 인장 구조는 아니다. 거미줄은 그 거미줄을 팽팽하게 유지시키는 외부 환경에 의존하기 때문이다. 우산은 자전거 바퀴와 대조적인 힘 구조를 가진다. 우산살

그림 2-7 A, B
(독립적인 인장 구조인) 우산이나 자전거 바퀴와는 달리 거미줄은 주변에 의존하는 인장 구조tention structure다. 거미줄은 전체가 장력을 받지만, 그 거미줄을 팽팽하게 지탱하는 주변의 물체들에 의존하기 때문이다. 브루클린 다리도 팽팽한 상태를 유지하기 위해 땅에 의존하는 일종의 인장 구조다.

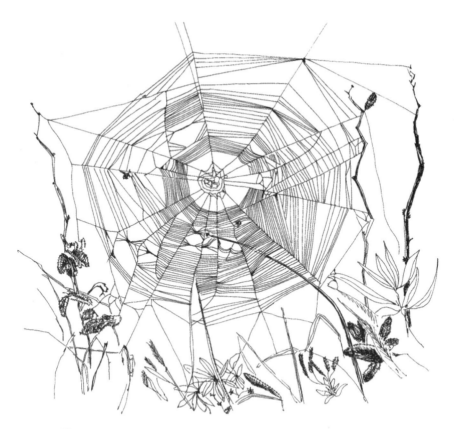

그림 2-7 A

그림 2-7 B

은 퍼졌을 때 압축력의 지배를 받는다. 우산의 바깥쪽 천은 인장력을 받는 동안 팽팽해지기 때문이다. 낙하산과 풍선은 고체 형태의 압축 요소가 없는 인장 구조다. 이때 인장력이 작용하는 막 안에 있는 공기(기체)가 압축 요소 역할을 한다.[10]

구조 중에는 대부분 인장력을 받는 요소들로 구성된 것도 있고, 대부분 압축력을 받는 요소들로 구성된 것도 있다. 대부분 압축 요소들로 구성된 구조, 즉 압축 구조는 인장 구조만큼 튼튼하지 않다. 예를 들어 지름 0.5인

그림 2-8

구조를 지배하는 중요한 법칙 중 하나는 구조의 부피와 크기의 관계에 관한 관찰을 통해 발견된다. 큰 압축 구조는 작은 압축 구조에 비해 두껍고 무겁기 때문이다. 압축 구조의 크기에는 현실적인 제약이 있다. 엄청나게 큰 압축 구조를 만드는 것이 현실에서는 불가능하다는 뜻이다. 이와는 대조적으로 인장 구조의 크기에는 제약이 없다. 압축 구조는 구성 요소 대부분(또는 전체)이 압축력의 지배를 받는 구조이며, 인장 구조는 주요 구성 요소 대부분이 인장력의 지배를 받는 구조다. 이 그림은 이 현상을 설명하기 위한 것이다. 그림에서 보이는 위쪽 쇠막대기들은 하중을 매달고 있고, 아래쪽 쇠막대기들은 하중을 지탱하고 있다. 하중을 밑에서 지탱하는 쇠막대기들과 위에서 매달고 있고 쇠막대기들의 지름은 모두 같다. 아래쪽에서 하중을 지탱하는 쇠막대기들은 압축력을 받고 있으며, 이 쇠막대기들의 길이가 길수록 구부러지지 않고 지탱할 수 있는 하중이 적다. 이 쇠막대기 중에서 오른쪽 끝에 있는 쇠막대기는 지면에서 1피트 떨어진 위치에서 1000파운드의 하중을 지탱하고 있다. 이 쇠막대기보다 3배 긴 쇠막대기는 500파운드밖에는 지탱하지 못한다. 쇠막대기가 계속 그림에서처럼 길어진다면 결국 쇠막대기 자신의 무게도 지탱하지 못하고 구부러질 것이다. 하지만 위쪽에서 하중을 매달고 있는 쇠막대기들은 인장력의 지배를 받기 때문에, 쇠막대기의 길이와 하중의 무게가 계속 늘어나도 파열되지 않는다. 현재까지 건설된 구조물 중에서 가장 긴 것이 현수교인 이유가 여기에 있다.

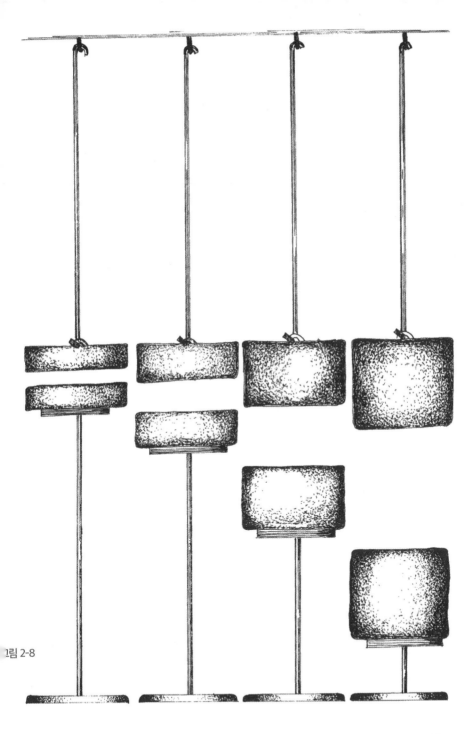

그림 2-8

치(12.7밀리미터), 길이 1피트(304.8밀리미터)의 봉강steel bar(강철 막대)을 세우면 압축 응력으로 1000파운드(453.6킬로그램)의 무게를 견딜 수 있지만, 지름이 0.5인치로 같고 길이가 5배인 봉강은 250파운드의 무게밖에는 지탱하지 못하며, 지름이 0.5인치로 같고 길이가 100피트인 봉강은 자신의 무게도 지탱하지 못하고 구부러질 것이다. 하지만 지름이 0.5인치이고 길이가 2피트, 4피트, 10피트, 1000피트인 봉강을 수평 방향으로 배치하고 하중을 매달면 이 모든 봉강은 인장 응력을 발생시켜 하중 지탱 능력을 잃지 않을 것이다. 인장강도는 물체의 길이가 늘어나도 낮아지지 않는다. 현수교나 지붕창 같은 인장 구조는 얇은 구성 요소들로 엄청난 하중을 지탱할 수 있다. 압축 구조는 커질수록 크기에 비례해 무거워질 수밖에 없다.[11]

그림 2-9

이 그림은 자신의 무게만을 지탱하는 복잡한 형태 안에서 일어나는 힘들의 균형과 상호작용을 보여준다. 압축 응력이 아치 모양의 윗부분 빔에서 양쪽의 다리 모양 빔으로 확산된 상태다. 압축력은 외팔보 빔(앞으로 튀어나온 빔)의 아랫부분으로도 확산되어 있다. 이 압축력은 아치와 외팔보 빔의 교차 부분에서 전단력, 비틀림 힘, 인장력과 만난다. 이 형태처럼 튼튼하고 균일한 형태가 되려면 이 형태의 재료가 이 형태에 작용하는 모든 힘에 저항할 수 있는 재료여야 한다. (포스 로드 다리처럼) 거대한 구조물을 만들려면 힘과 재료의 분산에 대해 분석해야 하는 이유가 여기에 있다.

그림 2-10

전단력은 종이 절단기의 날이 압착하기, 미끄러지기, 자르기, 늘리기를 통해 종이 섬유들을 분리하는 과정에서 발생한다. 전단력은 종이의 한 부분을 지배하는 인장력이 그 반대편 부분을 지배하는 압축력과 만나는 지점에 있는 종이의 구성 요소에서 발생하는 힘이다.

그림 2-9

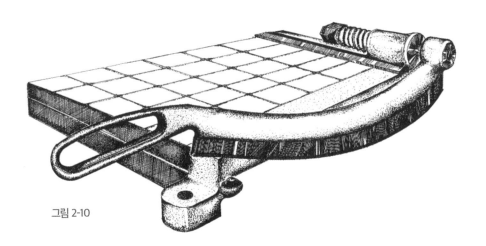

그림 2-10

인장력과 압축력은 힘의 순수한 형태이자 다른 세 가지 힘, 즉 전단력, 굽힘 힘, 비틀림 힘의 기초가 된다. 전단력은 압축력과 인장력이 다양한 방식으로 조합되어 생성되는 복잡한 형태의 힘이다. 압축력과 인장력은 반대 방향으로 작용하지만, 서로 상쇄되기도 하고 서로를 스쳐 가기도 하면서 전단력을 발생시킨다. 예를 들어, 지구의 대륙붕이 움직일 때 엄청난 전단력이 지구의 지각과 땅덩어리를 갈라놓는다. 지진이 발생할 때는 땅 밑 판들이 움직이면서 인장력과 압축력이 발생해 단층이 생긴다. 이 과정에서 압력은 줄어들지만 땅덩이들이 갈라지고, 그 땅덩어리들 위에 있는 모든 물체가 압력의 반대 방향으로 움직이게 된다. 이런 전단 현상은 한 방향으로부터 작용하는 힘의 영향으로 물체들이 그 힘의 방향으로 정렬하는 현상이다. 단층과 갈라진 틈은 그 단층과 틈을 발생시킨 힘의 방향과 평행한 방향으로 형성된다. 초원을 통과하는 바람, 해안가 바위 위의 해초를 때리는 파도, 머리칼을 통과하는 빗도 전단력의 작용을 보여준다. 힘의 작용 방향으로 초원의 풀, 해초, 머리칼이 힘에 반응해 정렬하기 때문이다. 전단력은 두 손을 마주 비비거나, 가위로 종이를 자르거나, 팔을 외투 안으로 집어넣을 때도 나타난다.

구조적인 측면에서 보면, 전단력과 굽힘 힘은 인장력과 압축력의 상호 작용으로 발생한다. 엄지와 다른 손가락으로 카드 한 벌을 쥐고 있는 상황을 상상해 보자. 이 두 손가락으로 카드들을 압축하면 구부러질 것이고, 이렇게 구부러진 상태에서는 구부러지지 않았던 상태에서 카드 한 벌의 가장자리들이 이뤘던 면이 카드의 앞뒷면과 직각을 이루지 않을 것이다. 또한 구부러진 카드 한 벌의 바깥쪽에 있는 카드들은 안쪽에 있는 카드들보다 짧아 보일 것이다. 이렇게 보이는 것은 구부러진 카드 중 바깥쪽에 있는 덜 구부러진 카드들이 이루는 원의 지름이 안쪽에 있는 카드들이 이루는 원의 지름보다 크기 때문이다. 바깥쪽에 있는 카드들이 안쪽에 있는 카드들과 지름이 같은 원의 일부가 되려면 카드가 더 길어져야 한다. 카드 한 벌의 양 끝에 압축력을 가하면 모든 카드가 구부러지는 동시에 카드들은 서로에게 미끄러지면서 전단력이 발생한다. 각각의 카드는 자신이 구부러지면서 이루는 원의 지름에 맞춰 위치를 조절하기 때문이다. 이 상황에서 작용하는 힘은 압축력, 전단력, 굽힘 힘이다.

이제 상황을 조금 바꿔, 카드 한 벌을 이루는 카드들이 모두 접착제로 붙어 있다고 상상해 보자. 이 상태의 카드 한 벌은 카드들이 너무 딱딱하게 붙어 있어 두 손가락으로 구부릴 수 없다. 이 카드 한 벌을 바이스vise(대상물을 두 돌기 사이에 끼워 고정하는 공구―옮긴이)에 끼워 구부리려 한다고 해도, 결국 카드들이 찢어지면서 실패할 것이다. 접착제가 강력하다면 억지로 구부렸을 때도 카드들이 겹쳐서 이루는 면의 모양은 어느 정도 사각형 모양을 유지하겠지만, 결국 구부러진 카드 한 벌을 살펴보면 곡면 바깥쪽 카드들은 찢어져 있고 안쪽 카드들은 한데 뭉쳐 있는 것을 발견하게 될 것이다. 이 상황은 접착제가 카드들을 서로 미끄러지지 않게 만들었기 때문에 카드들의 절반에는 인장력이 작용했고, 나머지 절반에는 압축력이 작용한 것이다. 인장력이 작용한 카드들은 더 긴 곡선의 일부가 되기 위해 늘어나려고 했고, 압축력이 작용한 카드들은 더 짧은 곡선의 일부가 되기 위해 압축되려고 했다. 이 상황에서 작동한 힘은 네 가지, 즉 압축력, 굽힘힘, 전단력 그리고 전단력에 의한 인장력이다. 부드럽고 구부릴 수 있었던 카드 한 벌은 접착제를 통해 일관성 있는 구조가 되어 접착제를 바르지 않았을 때보다 몇 배는 더 단단한 구조가 되었다. 접착제 자체는 구조를 지배하는 특성이 없지만, 접착력을 통해 카드 한 벌을 더 견고한 구조로 만든 것이다. 카드를 만드는 종이는 쉽게 구부릴 수 있다. 하지만 이 종이를 길게 늘이거나 짧게 줄이는 것은 그렇게 쉽지 않다. 카드 한 벌을 구성하는 52장의 카드는 접착제를 바르지 않았을 때는 두 손가락의 힘에 거의 저항하지 못한다. 하지만 접착제로 카드를 모두 붙이면 카드 한 벌은 인장 구조와 압축 구조로 변하면서 두 손가락의 힘에 대한 저항 능력이 크게 증가한다. 접착제를 통한 결합에 따른 저항 능력 증가 정도가 모든 카드의 저항 능력 합보다 크다고 할 수 있다.

구조적인 측면에서 볼 때 가장 드물게 나타나는 힘은 비틀림 힘이다. 비틀림 힘은 나머지 네 가지 힘의 조합 결과이기 때문에 가장 복잡하기도 하다. 비틀림 힘은 물체를 뒤틀리게 하는 힘이다. 역학적 메커니즘의 상당 부분은 비틀림 힘에 의존한다. 자동차 운전자의 손은 운전대를 회전시키고, 이 뒤틀림 힘은 바퀴의 방향을 바꾸는 힘으로 전환된다. 자동차는 강철막대의 비틀림으로 정지하며, 비틀림 힘으로 고정된 볼트와 너트를 통해 안정성을 확보한다. 비틀림 힘은 사실 구부림 힘의 특별한 형태인 원형 구부림 힘이다. 외팔보 빔, 나뭇가지, 곤충의 다리, 동물의 뼈는 모두 뒤틀림 힘의 지배를 받는다.

지금까지 언급한 다양한 힘의 조화 또는 부조화로 생물과 무생물은 생존의 위협을 겪는다. 성공적으로 충족된 가장 까다로운 구조적 요구 중 하나는 동물의 골격에서 발견할 수 있다.

박물관에 가면 철사로 마른 뼈들이 성기게 결합하여 파이프로 지탱되는 골격을 볼 수 있다. 이 골격 형태를 보면 주인인 생물체가 살아 있을 때의 모습을 어느 정도 짐작할 수 있다. 하지만 이 골격 형태에는 연조직soft tissue·힘줄·인대·근육·세포막이 없으며, 골격을 이루는 뼈들도 부서지기 쉬운 상태다. 따라서 이 골격 형태는 살아 있던 생명체를 발달시킨 동역학적·기계적 통일성에 관해서는 거의 말해주지 않는다.

완전하게 살아 있는 몸에 관한 관찰만이 그 몸에 작용하는 힘들이 이루는 놀랍도록 복잡한 균형 상태를 이해할 수 있게 한다. 이런 힘들은 인간이 매우 간단한 행동을 할 때도 인간의 몸에서 상당히 역동적인 방식으로 작용한다는 것을 보여주는 예를 들어보자.

한 사람이 의자에 앉아 있다. 이 사람은 수의근voluntary muscle(의지로 움직일 수 있는 근육—옮긴이) 대부분이 이완된 상태에서 한쪽 다리를 다른 쪽 다리의 무릎에 느슨하게 걸치고 있다. 이때 의자 앞 테이블에 놓인 접시에서 땅콩을 집어 들겠다는 결정이 이뤄진다. 그 즉시 이 사람의 형태 전체가 가동되기 시작한다. 몸 전체에 걸쳐서 수십 개의 근육이 수축 명령을 받고, 두 눈

근처에서 각각 사근oblique muscle(비스듬한 근육) 1개, 직근straight muscle(곧은 근육) 2개가 움직여 두 눈을 땅콩 쪽으로 향하게 한다.

이와 동시에 다른 근육들은 장력을 가해 골반, 어깨뼈, 흉곽, 흉골, 척추를 압축하고 비틂으로써 이 뼈들이 전단력을 받게 만든다. 테이블로 손을 옮기기 위해 이두박근과 삼두박근은 압축 상태에 있는 위팔뼈의 양쪽에

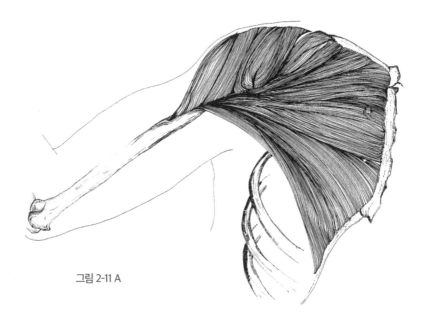

그림 2-11 A

그림 2-11 A, B, C, D

인체의 구조는 완전하지만 상호 의존적인 2개의 시스템으로 구성되어 있으며, 그 소재는 각각의 시스템이 하는 일에 놀랍도록 잘 적응되어 있다. 인체 내부에는 상당히 견고하지만 어느 정도 유연성을 가진 '스트럿struts', 즉 뼈들이 있다. 이 시스템의 기초는 4개의 뼈로 이루어진 골반이다. 척추에 있는 26개의 짧고 무거운 실린더는 이 분지 형태의 골반을

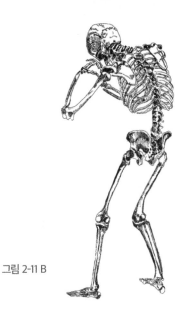

그림 2-11 B

그림 2-11 C

기초로 한다. 이 실린더들은 튼튼한 기둥이면서 유연한 축이기도 하다. 갈비뼈는 이 척추의 상반부에서 갈라져 나온 뼈이며, 어깨와 팔을 구성하는 뼈들은 장력 시스템에 의해 흉곽의 상단과 측면에 연결되어 있다. 두개골은 꼭대기 장식처럼 척추의 위쪽에 얹혀 있다. 하중은 상체에서 척추를 거쳐 골반으로 전달되고, 골반은 이 하중을 하지의 긴뼈들로 분산하여 전달한다.

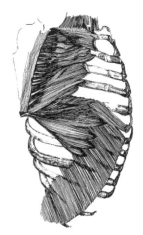

그림 2-11 D

두 번째 시스템은 '타이ties'다. 이 시스템은 근육과 인대로 구성된 장력 네트워크다. 근육과 인대는 서로 결합하는 압축 시스템을 구성하지만, 근육에는 미는 힘이 없다. 하지만 움직이지 않는 뼈들에 붙어 그 뼈들을 둘러싸고 있는 근육들의 정교한 수축을 통해 팔다리의 뼈들은 거의 모든 방향으로 움직일 수 있다.

공학적인 관점에서 본다면, 인간은 몸이 움직일 때 손상되지 않고 끊임없이 동적 평형을 유지하는 구조라고 할 수 있다. 그림 2-11 B, 2-11 C는 안드레아스 베살리우스Andreas Vesalius(근대 해부학의 창시자 ─옮긴이)의 그림을 기초로 다시 그린 것이다.

적절하게 장력을 가해 척골(팔꿈치에서 팔목까지의 전완을 구성하는 2개의 뼈 중 안쪽에 있는 뼈—옮긴이)과 요골(팔꿈치부터 엄지손가락 방향으로 손목까지 뻗어 있는 긴 뼈—옮긴이)을 외팔보 상태로 만든다. 몸의 반대편에 있는 근육들 전체는 척추가 압축되면서 장력을 받아 팽팽해짐으로써 외팔보 상태의 팔의 균형을 맞춘다.

한편, 다른 쪽 다리의 무릎에 느슨하게 걸쳐졌던 다리는 체중을 안정화하기 위해 발이 바닥에 닿는다. 정강이뼈와 종아리뼈가 비틀리면서 그 발을 회전시키면 넓적다리뼈가 전단응력을 받아 정강이뼈와 종아리뼈를 아래로 밀고, 이 두 뼈는 압축되기 시작한다. 아래팔(팔뚝)의 얇은손가락굽힘근이 팽팽해지고, 손가락 4개가 땅콩을 감싼다. 손가락뼈가 압축되면서 전단응력을 받고 힘줄이 팽팽해진다. 팔은 응력이 작용하고 움직임이 이어지면서 땅콩과 함께 다시 입 쪽으로 접힌다. 땅콩을 입에 넣기 위해 위턱뼈와 아래턱뼈가 떨어지면서 입이 벌어진다. 땅콩은 입안의 두 어금니 사이에서 압축력을 받아 씹힌다.

사람의 몸은 이렇게 놀라운 능력이 있지만, 하늘을 나는 새의 몸이 지닌 정도의 정교한 구조와 경제성은 없다. 새는 최소한의 재료를 이용해 자신의 골격을 매우 튼튼한 프레임으로 재적응시킨 동물이다. 새의 골격을 이루는 긴 뼈들은 고체와 골수로 안이 채워진 육상동물의 뼈와 달리 안이 텅 빈 튜브 형태를 띤다. 이 튜브는 막대기만큼 튼튼하지만 무게가 매우 가볍다. 이렇게 속이 빈 뼈 중 일부는 호흡과 공기 저장을 위해 사용되기도 한다.

새의 몸통 가운데 부분에 있는 뼈들, 즉 갈비뼈·등뼈·흉골(복장뼈)은 얇

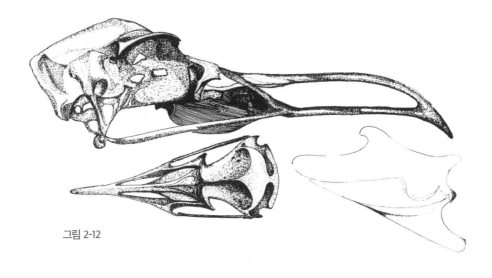

그림 2-12

그림 2-12
가볍고 튼튼하면서도 정교한 구조를 가진 갈매기의 머리뼈. 오른쪽 아래 그림은 갈매기의 가슴 부분을 그린 것이다. 이 그림에서 아래로 튀어나온 부분은 비행 근육을 지탱하는 일종의 닻 역할을 하는 '용골돌기keel'다.

고 가벼운 껍데기를 이뤄 중요 장기들을 보호하는 일종의 갑옷 역할을 하며, 근육들을 고정하는 역할을 하기도 한다. 이 껍데기는 투명하게 보일 정도로 두께가 얇다. 하지만 이 껍데기에는 작은 구슬 모양의 튼튼한 뼈가 있어 껍데기의 강도를 높인다. 인간의 가슴 중앙 부분에서 흉곽을 단단하게 잡고 있는 작은 뼈인 흉골은 조류에서는 길게 돌출한 용골돌기가 달린 선체의 형태로 진화했다. 이 용골돌기는 조류의 비행 근육 작동에서 중요한 지렛점leverage point으로 사용된다. 조류의 몸 한가운데에 있는 비행 근육은 이 용골돌기의 양옆에 붙어 있다. 비행 근육은 긴 힘줄로 양 날개를 연결하고 작동하는 근육이다. 이 힘줄들이 당겨져야 날개 뼈와 깃털이 제대로 기능할 수 있다. 조류는 몸의 중심부에 존재하는 근육의 하중을 이런 방식으로 이용하여 날개를 원격 조정함으로써 안정성을 확보할 수 있다.

인간의 경우 중수골은 손바닥의 구조를 이루는 얇은 뼈 5개를 지칭한다. 이 뼈는 각각 다섯 손가락의 기초가 된다. 조류에서는 이 뼈들 중 일부가 융합되기도 했고, 짧아지기도 했다. 일부는 길어져 날개의 끝부분을 이루기도 했다. 조류의 이런 중수골은 날개 끝부분에 있기 때문에 극도로 가벼워졌지만, 이렇게 가벼운 조류의 중수골도 상당히 많은 응력을 받기 때문에 매우 튼튼해져야 했다. 독수리처럼 몸집이 크고 활공 비행을 하는 새는 속이 텅 빈 중수골의 내부에서 삼각형 그물망 구조가 진화했다. 이 그물망 구조는 강철 트러스교의 구조와 매우 비슷하며, 강철 트러스교에서처럼 삼각형 형태들로 형성된 구조의 힘과 가벼운 성질을 가진다.

그림 2-13

인간이 만든 형태들과 동물들 사이에는 흥미로운 유사점이 존재한다. 맨 위의 그림은 호랑이와 워런 트러스Warren truss다. 워런 트러스는 직선 빔이 양쪽 끝에서 같은 정도의 힘으로 지지되는 구조다. 티라노사우루스는 이 중 중앙의 높은 부분이 마주 보는 두 부분에 의해 지지되는 이중 외팔보 구조다. 들소는 아치 구조와 외팔보 구조가 합쳐진 구조다. 이 구조에서 하중의 대부분은 앞다리에 실린다. 외팔보 위치의 거대한 머리는 몸의 뒷부분과 균형을 이루지 못하며, 몸 뒷부분의 하중은 뒷다리에 실린다. 코끼리새(마다가스카르에서 살았던 크고 무거운 새—옮긴이)는 한쪽 끝에서만 지탱되는 간단한 외팔보 구조다. 스테고사우루스는 하중의 반은 양쪽 끝에, 나머지 반은 중앙의 기둥 부분에 실리는 '받침 아치supported arch' 구조다. 논병아리는 균형 잡힌 크레인과 탑 구조다.

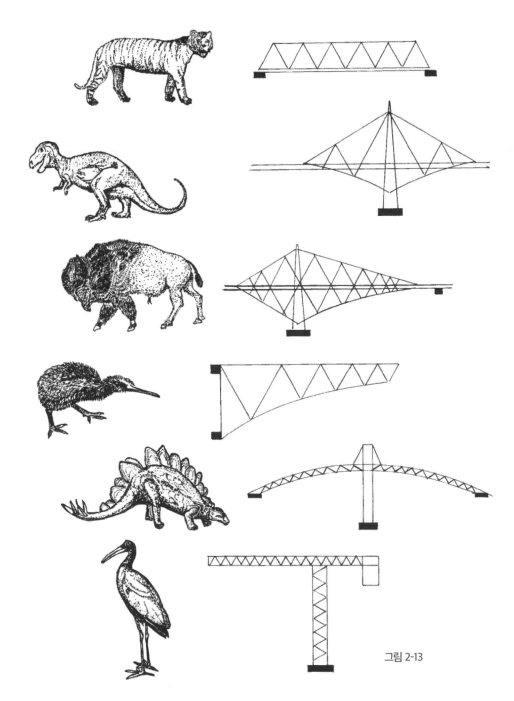

그림 2-13

자연에 의해 형성된 구조는 엄청난 시간에 걸쳐 돌연변이를 계속 일으키며 서서히 변화한다. 근육, 뼈, 인대의 모든 영역은 세대가 바뀔 때마다 조금씩 변화한다. 자연에 의해 형성된 구조는 구조의 일부분에서 힘을 증가시키거나 감소시키고, 구조가 길어지거나 짧아지면서 생명의 요구에 반응하며, 그 결과 유기체들은 저마다 자신의 생존에 적합한 다양한 부분들을 갖게 된다.[12]

구조의 모든 부분에서 하중에 정확하게 반응하기 위해 그 구조를 구성하는 소재의 양을 줄이는 자연의 능력을 인간의 현재 기술로 인공적인 구조에서 구현하는 것은 현실적으로 아직 불가능하다. 인간이나 조류의 몸처럼 자연이 만든 구조는 현재 상태로는 가장 성공적인 구조가 아닐지 모르지만, 지금도 자연선택에 의해 완벽한 구조로 진화하고 있을 것이다.

이런 기술적 한계와 특화 능력의 부족 때문에 인간이 만드는 구조는 원, 돔, 정사각형, 직사각형, 삼각형처럼 일반화된 형태에 의존할 수밖에 없다. 이런 형태들로 만든 구조는 대체로 효율적이고 경제적이지만, 특정한 조건을 만족시키는 최적의 형태는 아닐 것이다. 이 형태 중 하나인 삼각형은 인간이 만든 구조뿐 아니라 자연에 의해 만들어진 구조에서도 계속 반복되는 것으로 보인다. 삼각형 형태가 구조에서 이렇게 반복되는 이유는 삼각형의 형태만큼이나 간단하다. 삼각형 형태가 본질적으로 안정적이기 때문이다.

삼각형의 능력과 사각형의 능력을 비교하기 위해 성냥개비로 만든 사각형을 생각해 보자. 이 사각형은 사각형의 변들이 원하는 각도로 움직일 수

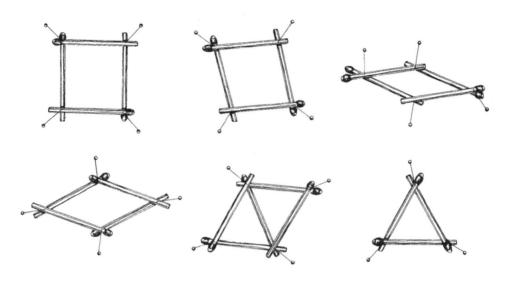

그림 2-14

그림 2-14
모든 형태는 형태를 구성하는
점 가운데 인접하는 세 점을 연
결함으로써 삼각형들로 분할
할 수 있다.

있도록 모서리들을 핀으로 느슨하게 연결해 만들었다. 이때 이 사각형은 안정적이지 않다. 다른 성냥개비 하나를 추가해야만 튼튼해질 수 있기 때문이다. 이 사각형 안에 대각선 방향으로 가로지르는 성냥개비를 하나 추가하면 삼각형 2개가 생긴다. 삼각형은 핀으로 성냥개비들을 연결해 만들었을 때도 같은 방식으로 만든 사각형처럼 모양이 쉽게 변하지 않는다. 성냥개비가 부러지거나 휘어져도 변들의 연결 부분은 그대로 유지된다.

이런 능력 때문에 삼각형은 대부분의 구조 형태의 기초가 된다.

집과 같은 직선 구조물에는 수평 방향에서 작용하는 힘에 저항하기 위한 대각재cross-bracing, 對角材가 반드시 설치되어야 한다. 이 대각재는 직사각

형의 변을 삼각형의 변으로 변화시키는 역할을 한다.

구조를 구성하는 부재部材(구조물의 뼈대를 이루는 데 중요한 요소가 되는 여러 가지 재료—옮긴이)는 일반적으로 교차 부분에서 가장 약하다. 거리 덕분에 지렛대의 힘이 증가하기 때문에 빔의 바깥쪽 끝을 향하는 작은 힘은 교차 부분으로 가면 엄청난 힘이 된다. 안정성을 확보하기 위해 교차 부분을 강화하는 것은 구조적으로 좋은 선택이 아니다. 부재들을 더 안정적으로 결합하려면 교차 부분에서 떨어진 부분에 각진 브레이스brace(변형을 방지하기 위한 부재의 한 형태—옮긴이)를 사용하는 것이 훨씬 좋다. 그렇게 해야 삼각형 분할에 의해 지렛대의 힘을 약화할 수 있기 때문이다.

그러나 삼각형을 브레이스로 이용하는 것은 경주마를 교통수단으로 사용하는 것과 비슷하다. 삼각형 브레이스는 효과가 좋지만 삼각형의 능력은 브레이스로서의 능력을 훨씬 뛰어넘기 때문이다. 인간이 만든 구조 중 가장 정교한 것은 삼각형이 순수한 그 자체의 형태로서 구조에 직접 사용된 트러스 구조다. 이런 트러스 구조 중 가장 간단한 형태는 평면에서 삼각형들을 연결해 만든 것이다. 예를 들어, 강철 트러스 다리에서는 이 구조를 다양하게 변형시킨 구조들이 사용된다. 이런 구조는 매우 가볍고 튼튼하며 다리의 필요에 잘 반응하지만, 본질적으로 2차원적인 해결책이다. 이 구조를 구성하는 삼각형들은 평면적으로 모여서 박스 모양을 형성하기 때문이다. 이 박스의 한가운데 또는 위에서 자동차와 기차가 지나다닌다.

혼성 구조hybrid structure는 3차원 공간에서 삼각형의 회전과 연결을 통해 발생한다. 안정적인 3차원 구조의 종류는 크게 세 가지로 나뉜다. 이 중

그림 2-15

목재로 지은 북미의 오래된 창고에서 사람들의 구조에 대한 선천적인 이해 능력을 엿볼 수 있다. 이 창고들은 손으로 잘라낸 큰 목재들이 대각재의 지지를 받아 삼각형 구조를 이루도록 만들어졌기 때문에 수평 방향으로 움직이지 않고 구조를 튼튼하게 유지한다.

그림 2-15

가장 단순한 구조는 정삼각형 4개가 합쳐져 만들어지는 피라미드 모양 사면체다. 변이 6개인 사면체는 최소한의 요소로 구성된 가장 안정적인 3차원 구조다. 사면체 다음으로 안정적인 3차원 구조는 사면체보다 약간 더 복잡한 팔면체다. 팔면체는 밑면이 정사각형인 피라미드 2개의 밑면을 붙여 만든 구조다. 그다음으로 안정적인 구조는 이십면체다. 이십면체는 한 꼭짓점에서 5개의 정삼각형이 만나는 구조다.

수많은 구조가 이런 기본적인 형태 중 하나 이상을 사용한다. 이런 구조들 중에는 공간 그리드space grid 또는 공간 프레임space frame이라고 불리는 것이 있다. 공간 그리드는 최소한의 하중으로 긴 거리를 가로지르기 위해 사용된다. 위 표면과 아래 표면으로 구성되는 평평하고 평행한 삼각형 형태의 판들을 연결해 만드는데, 이런 공간 그리드 구조의 예가 팔각형들을 연결해 만든 옥텟 트러스다. 이 구조는 인간이 삼각형 형태를 이용해 만든 구조 중 가장 튼튼한 것으로 생각되고 있다. 공간 그리드 구조는 지붕, 벽, 다리, 탑 그리고 건물 전체를 짓는 데 사용된다.[13]

지금까지 논의된 삼각형 기반 형태는 평평하고 각진 것들이었다. 하지만 최근에는 둥근 형태, 즉 구에서 파생된 돔 형태들이 많이 사용되고 있다. 구는 모든 방향에서 하중에 저항할 수 있으며 가장 균일성이 높은 구조 형태다. 구가 왜 이런 특징을 갖는지는 돌을 쌓아 만든 담을 보면 알 수 있다.

마른 돌로 담을 쌓을 때는 모르타르(시멘트, 석회, 모래, 물을 섞어서 물에 갠 것—옮긴이)를 사용하지 않는다. 따라서 담을 지탱하는 것은 돌과 돌 사이의 마찰력과 압축력밖에 없다. 이때 돌들은 순수한 압축 구조로 서로 겹쳐져

그림 2-16 A

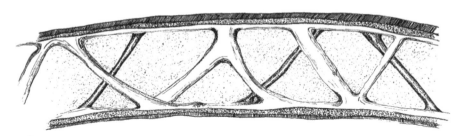

그림 2-16 B

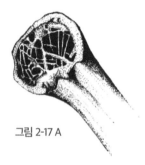

그림 2-17 A

그림 2-17 B

그림 2-16 A, B

워런 트러스는 소규모 다리 건설에 자주 사용되는 선형 삼각 트러스 구조 중 하나다. 워런 트러스의 측면은 수직 안정성을 제공하고, 상단 수평 부재는 구조의 변형을 방지한다. 도로는 거더girder(다리 기둥과 다리 기둥 사이를 연결하는 주된 보—옮긴이) 위에 만들어진다.

이 형태를 독수리의 중수골 형태(그림 2-16 B)와 비교해 보자. 독수리의 중수골은 날개에서 멀리 떨어져 있기 때문에 최대한 가벼워야 하지만, 응력을 많이 받기 때문에 매우 강해야 한다. 따라서 수많은 세대가 지나면서 삼각 트러스 형태의 구조가 중수골 강화를 위해 진화했다. 같은 문제에 대한 자연의 해결 방법과 인간의 해결 방법이 같다는 것을 보여주는 예다.

그림 2-17 A, B

이 두 그림은 자연에서 동일한 종류의 강화가 이뤄진다는 것을 보여준다. 그림 2-17 A는 삼각형 모양들이 무작위로 형성된 까마귀의 날개 뼈 끝부분이고, 그림 2-17 B는 성게의 껍질에서 비슷한 형태의 강화가 일어난 모습이다.

있다. 만약 돌 하나하나를 수직 방향으로 위로 쌓지 않고 처음에 쐐기 모양으로 깎은 다음에 쌓는다면 돌담은 땅 쪽으로 구부러진 아치 모양이 될 것이다. 돌로 만든 아치는 2개의 강둑 사이에 다리로 놓일 수 있다. 아치 위로 도로를 놓을 수도 있다. 도로의 하중이 아치의 양쪽 기둥으로 지탱되어 아치 전체에 균일하게 분산되기 때문이다. 아치는 이런 종류의 지지 구조를 만드는 데 이상적인 구조다. 마른 돌로 쌓은 담에서처럼 아치는 돌들이 서로 표면을 미는 것 외에는 구조를 지탱해 주는 요소가 없다. 아치는 그것을 구성하는 돌이 부서지거나 강둑이 무너지지 않는 한, 균일한 하중을 받아서는 무너지지 않는다. 돌담처럼 아치는 압축에 의해 형성되어 그 형태를 그대로 유지한다. 강둑과 강바닥이 아치의 양 끝을 팽팽하게 유지

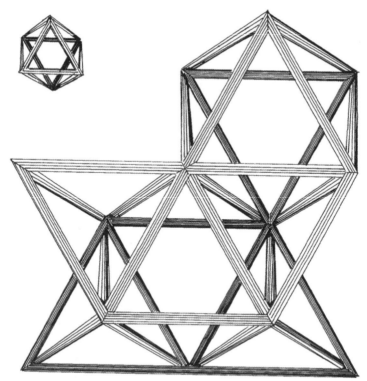

그림 2-18

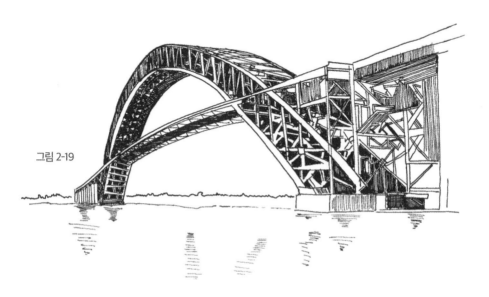

그림 2-19

102

그림 2-18

옥텟 트러스octet truss의 한 부분. 좌측 상단의 조그만 형태가 이 옥텟 트러스의 기본 단위다. 이 기본 단위는 8개의 정삼각형으로 구성된다. 이 기본 단위들이 계속 합쳐지면 무한히 큰 공간격자space lattice가 만들어진다. 이 공간격자는 정삼각형으로 이뤄진 육각형으로 구성된다. 이 옥텟 트러스를 이루는 육각형을 수평으로 가로지르는 직선을 따라가면 워런 트러스 모양이 보일 것이다. 이 옥텟 트러스를 이루는 단위들은 윗부분과 아랫부분에서 모두 추가할 수 있다. 즉, 옥텟 트러스는 모든 3차원 공간을 완벽하게 채울 수 있다. 옥텟 트러스가 지금까지 알려진 압축 구조 가운데 강도/중량 비율이 가장 우수하다고 보는 사람들도 있다.

그림 2-19

삼각형의 성질과 아치의 성질이 결합하면 매우 큰 힘이 생긴다. 대부분의 아치형 다리는 압축 아치를 고정하기 위해 강둑에 의존하며, 아치의 양 끝은 다리의 아래와 밖을 향한다. 힌지hinge 아치는 그렇지 않다. 힌지 아치는 아치가 넓은 강의 중간 부분에서 위로 솟아야 할 때 사용되는 아치 형태다. 킬밴컬강에 있는 베이언 브리지Bayonne Bridge는 2중 힌지 아치 구조로, 다리의 양 끝을 지지하는 시멘트 교각이 외부 추력을 받지 않는 독립적으로 강한 구조다. 도로는 아치에 걸려 있다.

시키기 때문이다.

만약 무한한 수의 아치가 그 꼭대기의 한가운데 있는 중심축을 중심으로 회전한다면 돔 형태가 만들어질 것이다. 즉, 돔을 위에서 아래로 반으로 자르면 단면은 아치 형태가 된다는 뜻이다. 돌로 만든 돔은 아치와 돌담의 구조적 특성을 그대로 지니고 있다. 돔에서 돌들은 압축 상태로 함께 고정되어 있다. 돌로 만든 구체는 외부 압력이 사라지면 무너질 것이고, 중력이 작용하지 않는다면 돌담은 무너질 것이다.

하지만 구체의 재료를 돌에서 고무판 같은 것으로 바꾼다면, 하중이 내

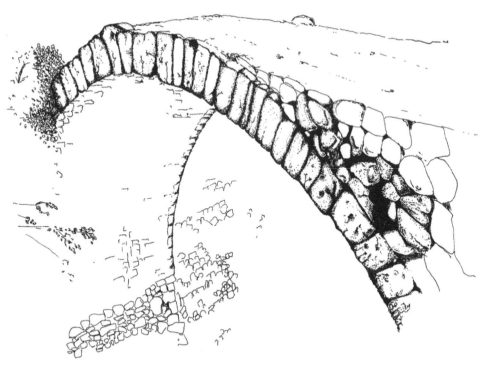

그림 2-20

그림 2-21

부를 향하게 되어 구체는 부풀려진 고무풍선처럼 순수한 인장 구조가 될 것이다. 아치, 돔, 구체는 압력과 장력에 매우 잘 저항할 수 있지만 하중이 한 지점에만 집중되면 매우 취약해진다. 이 취약함을 해결하는 방법은 트러스 구조를 구축하는 것밖에는 없다.[14]

돔의 구조적 잠재력이 삼각형의 강성과 결합하면 매우 흥미로운 가능성이 발생한다. 돔은 넓은 공간을 둘러쌀 수 있는 가장 좋은 구조 중 하나다. 표면 전체에 걸쳐 고르게 중력에 저항할 수 있으며, 최소한의 재료로 안정성을 확보할 수 있기 때문이다.

지오데식 돔geodesic dome이라는 구조가 있다. 삼각형 기반 돔이라고 해서 모두 지오데식 돔은 아니다. 지오데식이라는 말은 고체의 표면에 있는 두 점 사이의 최단 거리를 뜻한다. 예를 들면, 지구의 적도가 지오데식 라

그림 2-20

이탈리아 북부에 있는 이 고대 로마 시대의 다리는 모르타르로 돌들을 고정하지 않았는데도 현재까지 원형을 유지하고 있다. 이 다리 건설에 사용된 돌들이 단단하게 고정되어 있는 것은 돌들을 각각의 모양에 맞춰 쌓은 데에도 그 이유가 있지만, 중력이 일정하게 작용하여 이 돌다리가 양쪽 강둑 사이에서 자리를 잡을 수 있게 만든 데에도 그 이유가 있다.

그림 2-21

(압축력에 저항하는) 강철 튜브와 (인장력에 저항하는) 강철 와이어로 만든 돔. 이 돔은 6각형 구조들로 이루어졌고, 껍질과 껍질 사이에 공간이 있는 두 껍질로 구성되어 있으며, 지오데식 돔은 아니다. 벅민스터 풀러가 설계한 이 돔은 미국 오하이오주 클리블랜드 외곽에 설치되어 있다.

인 중 하나다. 뉴욕과 런던 사이의 가장 직접적인 경로를 비행하는 비행기는 지구의 지오데식 라인을 따라 날고 있다. 지오데식 돔은 삼각형과 삼각형에서 파생된 형태들로 구성되며, 이 파생 형태들의 겹치는 변이 돔의 표면에서 지오데식 라인을 형성한다.

지금까지 우리는 압축 구조에 대해 주로 다뤘다. 앞에서 언급했듯이, 캠핑 텐트부터 거대한 다리까지 아우르는 인장 구조들은 강도-중량 비율이 압축 구조보다 크다. 이런 인장 구조 중에서 가장 복잡한 것을 벅민스터 풀러Buckminster Fuller는 '텐세그리티tensegrity(장력tension과 견고성integrity의 합성어) 구조라고 명명했다. 풀러는 연구를 통해 현재까지 알려진 구조 중에서 강도-중량 비율이 가장 높은 구조를 만들어냈다. 이 구조는 압축되는 요소들의 수가 가장 적은 구조인데, 일반적으로 그것들은 가장 무거운 요소들이다. 풀러에 따르면, 압축 구조에서는 압축되는 요소들이 구조 전체에 걸쳐 연속적으로 연결되어 있는 반면 인장력을 받는 요소들은 불연속적으로, 즉 서로 따로 떨어져 존재한다. 일반적인 인장 구조들은 대부분 인장력의 영향을 받는 요소들로 구성되지만, 여전히 이 구조들에는 압축되는 요소들이 연속적으로 연결되어 있고, 인장력을 받는 요소들이 불연속적으로 존재한다. 텐세그리티 구조는 압축력을 받는 요소들이 연속적으로 인장력을 받는 요소들 사이에 부분적으로 섞여 있다. 텐세그리티 구조의 미래가 어떨지는 예측하기 힘들다. 구축하기가 쉽지 않고, 사용하기 까다로우며, 구조를 이루는 소재를 다루는 데 극도의 정밀성이 필요하기 때문이다.[15]

풀러 외에도 구조에 관해 주목할 만한 연구를 한 사람들이 있다. 로베르 마야르Robert Maillard와 피에르 네르비Pier Nervi는 콘크리트의 압축 구조에 관해 연구했고, 프라이 오토Frei Otto는 고무보트와 대형 텐트의 인장 구조에 관해 연구했다. 오토도 풀러처럼 아이디어의 대부분을 자연에서 얻었다. 오토는 해저에 있는 미세한 규조류(돌말류, 식물성 플랑크톤의 일종 — 옮긴이)의 유리 같은 세포벽, 대칭을 이루는 나무, 포유류의 척추 등에서 단서를 얻어 이런 형태들을 인간이 사용할 수 있는 구조물로 만들었다. 오토는 강철 프레임과 강철 와이어를 이용해 거대한 구조물을 만들어 크레인으로 사용할 수 있는 방법을 연구하기도 했다. 철사를 근육과 힘줄처럼 사용해 인장력을 줄임으로써 크레인이 반대 방향으로 더 많이 수그러질 수 있게 하고, 강철 와이어가 인장력을 받아 크레인 몸체가 팽팽해지면 물체를 들어 올려 크레인이 움직일 수 있는 반경 내에서 물체를 옮길 수 있게 한다는 생각이었다.

구조와 관련된 인간의 기술이 과거부터 현재까지 어떻게 발달했는지는 문서에 잘 기록되어 있다. 최초의 인공 구조물은 돌과 나무를 위로 넓게 쌓아 올린 최소한의 구조였다. 고대 그리스인들은 매우 간단한 구조물들을 이용했다. 고대 그리스인들은 아치 구조를 몰랐기 때문에 짧고 무거운 수평 방향의 인방이 달린 기둥 여러 개로 천장을 지탱했다. 로마인들은 아치를 발명해 발달시켰고, 그 덕분에 기둥을 많이 사용하지 않고도 넓은 면적을 둥근 천장이나 아치로 덮을 수 있었다. 아치 구조와 돔 구조를 만들 수 있게 되면서 구조물들은 더 튼튼하고 가벼워졌다. 고딕 시대 사람들은 돌 위에 돌을 쌓는 방법으로 보강 구조 없이도 높은 구조물을 구축할 수 있었다. 이 방식으로 구축된 구조 중에서 고딕 시대의 구조만큼 높은 구조는 지금도 존재하지 않는다. 그다음으로 일어난 구조의 변화는 소재 자체의 변화에서 왔다. 주철이 돌과 나무를 대체하고, 연철이 주철을 대체하고, 강철이 이 모든 소재를 대체하는 변화가 일어났다. 강철로는 길고 가는 트러스를 만들 수 있게 되었다. 강철 케이블과 강철 막대는 콘크리트에 주입되어 구조를 더 튼튼하게 만들었다. 고층 건물과 현수교를 구축할 수 있었던 것은 모두 강철 덕분이다.[16]

풀러나 오토가 사용한 방법은 머지않은 미래에 널리 사용될 것이다. 그보다 더 먼 미래에는 구조에 관한 상당히 다른 접근법이 개발될 수 있다. 새로운 구조 기술은 특별한 용도에 사용하는 새로운 소재들의 결합에 의존할 것이 확실하다. 인간은 원시적인 형태의 과잉 건축에서 소재의 경제성을 구현하기 위한 구조로, 인장력·압축력·전단력·비틀림 힘에 저항하는 소재들의 특화로 진화해 왔다.

구조와 소재는 상호의존성이 너무 강해 분리하여 생각할 수 없다. 그러나 구조와 소재 모두를 지배하는 것이 있다. 바로 크기다.

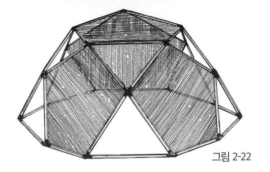

그림 2-22

그림 2-22
오각형과 정삼각형으로 이뤄진 소형 지오데식 돔. 이 구조에서 지오데식 라인은 돔의 표면을 감싸는 직선들이다.

그림 2-23
벅민스터 풀러가 텐세그리티라는 이름을 붙인 인장 구조 중 하나. 대부분의 압축 구조와 인장 구조에서 구성 요소들은 구조 전체에 걸쳐 서로 연결되어 연속적으로 압축력을 받는다. 압축력을 받는 각각의 구성 요소는 나머지 구성 요소들과 연결되어 있는 반면, 인장력을 받는 구성 요소들은 서로 떨어져 있다. 텐세그리티 구조는 구성 요소들이 인장력은 연속적으로 받고 압축력은 불연속적으로 받는 구조다. 텐세그리티 구조는 타워(그림), 공간 그리드, 돔 등 다양한 형태를 띨 수 있다. 텐세그리티 구조는 극도로 가볍고 강하다. 이 구조가 가벼운 이유는 덩치가 큰 압축 요소들이 최소로 존재하기 때문이며, 이 구조가 강한 이유는 인장 구조 고유의 특징 때문이다(그림 2-8 참고). 게다가 이 구조는 구조 전체로 하중을 분산할 수 있기 때문에 구조 내에서 과도한 하중을 받는 지점이 존재하지 않는다.
　그림의 타워 구조에서 보이는 V자 형태와 뒤집힌 V자 형태는 그 형태들의 정점 안쪽을 연결하는 짧은 선(A)으로 고정된다. V자 형태와 뒤집힌 V자 형태의 바깥쪽 점들은 선(B)으로 연결된다. V자 형태와 뒤집힌 V자 형태가 이루는 쌍들은 짧은 선(C)으로 서로 연결되며, 이 쌍들 전체는 이 타워 구조 바깥쪽 면들을 따라 이어지는 4개의 긴 선(D)으로 연결된다.

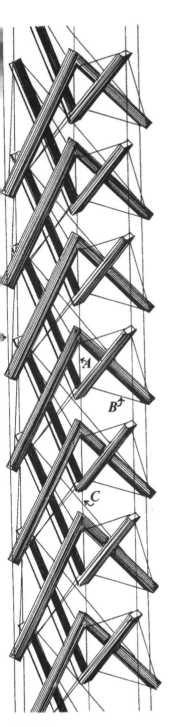

그림 2-23

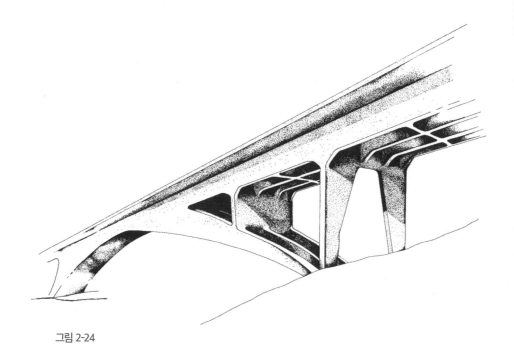

그림 2-24

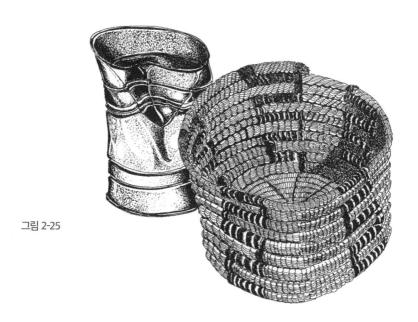

그림 2-25

그림 2-24

로베르 마야르는 우아한 형태의 아치형 콘크리트 다리를 설계한 사람으로 유명하다. 마야르가 설계한 이런 다리들은 대부분 스위스의 강과 협곡 위에 세워졌다. 이 다리들은 형태, 소재, 구조에 관한 마야르의 이해를 드러낸다. 이 그림은 투어Thur강 위에 건설된 힌지 아치형 시멘트 다리다. 이 다리는 지지대가 거의 없는데, 그 이유는 힌지 아치가 자신을 스스로 지탱할 수 있는 구조이기 때문이다.

그림 2-25

인공 구조물이 정교해짐에 따라 강도는 다양한 방식으로 나타난다. 과거의 건물들은 매우 무겁고 단단했기 때문에 부서지기는 했지만 구부러지지는 않았다. 현대의 건축은 가벼움을 유지하는 동시에 유연성을 통해 힘을 얻는 것을 추구하고 있다. 탄력적 안정성 elastic stability이라는 개념이다.

탄력적인 구조는 특정한 지점에서 큰 응력을 흡수하여 분산할 수 있고 빠르게 일어나는 충격에 저항할 수 있으며, 손상 부위를 연결하고 하중을 구조물 전체로 분산하여 복원력을 얻을 수 있다.

큰 하중을 받으면 찌그러지는 깡통의 강도와 하중이 제거되면 원래의 모양을 회복하는 직조 바구니의 유연성을 비교하면 탄력적 구조가 지닌 힘을 이해할 수 있다.

origins of *form*

3

—

크기

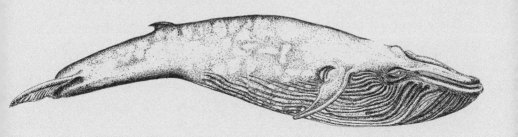

"중력이 2배로 늘어난다면 우리는 두 발 보행을 할 수 없게 될 것이다. 육상동물 대부분은 뱀과 비슷해질 것이다. 새들도 날기 힘들어질 것이다. 하지만 곤충들은 영향을 덜 받을 것이고, 곤충보다 더 작은 것들은 거의 변화를 겪지 않을 것이다. 예를 들어, 미생물은 어려움이나 변화를 겪지 않을 것이다. 반면, 중력이 반으로 줄어들면 우리는 더 가볍고 날씬하고 활동적인 형태로 변화할 것이며, 에너지와 열이 덜 필요할 것이며, 폐가 작아지고 혈액과 근육의 양도 줄어들 것이다. 하지만 미생물은 전혀 이득을 얻지 못할 것이다."[17]

늦봄에 내린 무겁고 습기 많은 눈을 뒤집어쓴 크고 오래된 참나무는 눈의 무게 때문에 산산조각이 날 수 있지만, 10센티미터 크기의 어린 나무는 폭설을 맞고 휘어질지언정 눈이 녹으면 다시 원래의 모습으로 돌아간다. 큰 것들은 작은 것들보다 자신을 지탱하기 힘들며, 크기가 클수록 외부의 힘에 맞서 구조를 유지하기가 어려워진다. 상대적인 크기를 고려하지 않고 구조와 소재에 관해 논하는 것은 불가능하다.

고양이 중에도 엄청나게 큰 고양이가 있고, 코뿔소 중에도 아주 작은 코뿔소가 있다. 물웅덩이 중에도 큰 물웅덩이가 있고, 바다 중에도 작은 바다가 있다. 이렇듯 크기는 상대적인 개념이며, 크기에 관한 우리의 생각을 결정하는 것은 우리의 개인적인 경험과 환경이다. 우리는 의자가 테이블에서 멀리 떨어져 있다고 생각하기도 하지만, 뉴욕에서 버펄로까지는 가깝다고 생각한다. 아이가 보기에는 부모가 매우 크지만 이륙하는 비행기에서는 아이의 부모가 개미 정도의 크기로 보이다 점 정도의 크기로 점점 작게 보인다. 나비는 모기에게 엄청나게 크고 압도적인 존재로 보이지만, 아메바에게는 모기가 거대한 괴물로 보일 것이다.

하지만 크기, 즉 규모는 절대적이기도 하다. 생물과 무생물은 모두 크기에 따라 확실하게 분류되기 때문이다. 우리는 도구를 이용해 눈으로 미세한 물질 입자들과 우주를 관찰할 수 있지만, 우리가 눈으로 관찰해서는 절대 알 수 없는 세계도 존재한다. 이 세계는 형태의 크기가 제약을 일으키는 비교적 좁은 범위의 세계다. SF영화에서는 기차 크기의 개미, 건물 크기의 딱정벌레가 등장하곤 한다. 초기의 곤충학자 중 일부도 이런 상상을 했다. 영화에서 이런 개미나 딱정벌레는 자기 크기에 비례하는 힘으로 도시를 초토화한다. 하지만 그런 일은 결코 일어날 수 없다. 이렇게 곤충이 커진다면 그 곤충의 힘은 자기 더듬이를 들어 올릴 수 없을 정도로 줄어들 것이고, 곤충의 다리는 몸의 무게를 감당하지 못하고 부서질 것이기 때문이다. 또한 크기가 커진 곤충의 속이 빈 외골격exoskeleton 또한 터져버릴 것이다. 곤충은 현재의 크기에 맞게 구조가 설계되었기 때문이다. 이 상황을 설명하는 법칙이 바로 역학적 상사dynamic similarity다.

어떤 물체에 작용하는 중력의 세기는 그 물체에 작용하는 다른 힘들에 반응해 달라지며, 이 힘들의 상대적인 세기도 물체의 크기에 따라 변화한다. 목재의 강도는 단면의 크기에 따라 달라지며, 단면의 크기는 단면을 이루는 변의 크기의 제곱에 비례하며, 목재의 무게는 단면의 변의 크기의 세제곱에 비례한다. 즉, 모든 물체는 크기가 커지면 엄청난 비율로 무거워진다. 이것을 역학적 상사 법칙이라고 부른다.

화강암 자갈은 높은 곳에서 돌바닥에 떨어져도 표면에 조금 흠이 나면서 다시 튀어 오르지만, 화강암 바위는 지름의 몇 배 정도 높이에서 떨어져도 쉽게 부서진다. 화강암 산은 그 산 밑에 있는 땅덩이가 조금만 움직

그림 3-1
참나무의 형태는 기본적으로 유전적 구성의 결과라고 할 수 있지만, 유전적 명령은 다양한 물리적 법칙으로 수정된다. 실제로 수관crown(줄기·잎·꽃 등 지표면 위로 드러난 모든 식물의 총합 구조—옮긴이)의 높이, 가지의 확산, 몸통의 둘레는 부분적으로 나무 크기에 제약을 받는다. 대부분의 형태는 다양한 요소가 상호 작용한 결과다.

그림 3-2
모기는 크기가 작을 때만 가볍고 얇은 형태를 가질 수 있다. 모기의 크기가 현재의 2배 또는 3배가 된다면 훨씬 더 무거운 형태를 띠게 될 것이고, 다리가 짧아지고 나는 방법도 바뀔 것이다.

그림 3-1

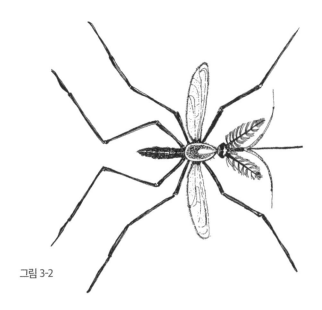

그림 3-2

117

여도 무너질 것이다. 이쑤시개는 수평 상태에서 두 손가락으로 양 끝을 쥐어도 밑으로 늘어지지 않지만, 이쑤시개의 두께와 길이 비율로 만든 30미터짜리 목재를 수평 상태에서 양 끝을 고정하면 아래로 휘어져서 결국 부러질 것이다.

작은 나무 몸통은 개울을 가로지르는 다리 역할을 충분히 수행할 수 있지만, 폭 400미터의 큰 강에 다리를 놓으려면 다리의 형태와 구조를 신중하게 고려해야 한다. 이 경우 길이가 400미터가 넘는 거대한 나무 몸통이 있다고 해도 그 나무 몸통을 다리로 사용하는 것은 매우 힘들 것이다. 다른 물체에서도 이와 같은 현상이 나타난다. 거대한 삼나무 크기의 강철 바늘을 거대한 바늘꽂이에 찔러 넣으려 한다고 상상해 보자. 이 강철 바늘은 자신의 무게를 견디지 못하고 아래쪽으로 구부러질 것이다. 삼나무는 강철보다 무게가 가볍고 크기에 따라 구조가 형성되었기 때문에 이런 문제

그림 3-3 A, B

(A) 자연은 작은 생명체들이 외골격을 가지도록 만들었고, 작은 생명체들은 그 외골격을 매우 효율적으로 사용한다. 개미나 딱정벌레 같은 곤충이 전형적인 예다. 안에 연조직이 들어 있는 골격 구조인 외골격은 게 크기의 생명체에서까지만 효율적으로 기능한다. 큰 거북이의 껍질은 매우 두꺼워야 하기 때문에 실용성의 한계를 초과해 큰 부담이 된다. 게와 바닷가재조차 큰 껍질 때문에 위험에 처할 때가 있다. 껍질이 쉽게 부서지기 때문이다. 게의 집게발은 힘과 유연성을 확보하기 위해 갈라져 있다.

(B) 안이 비어 있는 형태는 크기가 커지면 상당히 취약해진다. 작은 깡통은 꽤 튼튼하지만, 크기가 큰 금속 쓰레기통은 쉽게 찌그러진다. 자연은 큰 동물들에게 내부 골격을 부여함으로써 몸무게를 더 잘 분산하게끔 했다. 큰 동물들에서 사용되는 속이 빈 형태는 두개골이 유일하다. 이 그림은 양의 두개골이다.

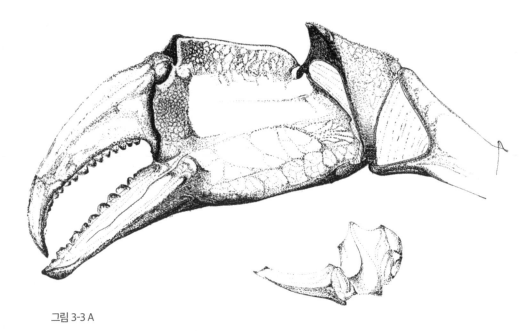

그림 3-3 A

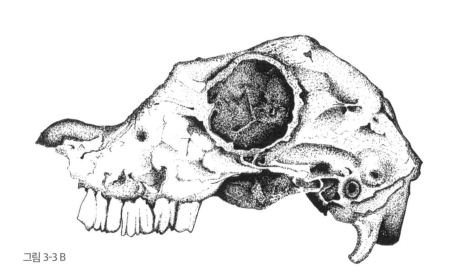

그림 3-3 B

119

를 피해 갈 수 있다.

역학적 상사 법칙을 발견한 갈릴레오 갈릴레이Galileo Galilei는 이 법칙이 지구에 있는 모든 물체의 형태를 지배한다고 보았다. 호기심 넘치는 기계 제작자이기도 했던 갈릴레오는 베네치아의 병기 공장과 조선소를 돌아다니면서 대형 선박의 제작 과정을 관찰하곤 했다.

당시 갈릴레오는 이렇게 썼다. "나는 혼란에 빠져 절망하곤 했다. 감각으로는 그럴 것이라고 느껴지지만 도저히 말로는 설명할 수 없는 현상을 관찰했기 때문이다. 왜 배를 만드는 사람들은 큰 배를 만들 때 작은 배를 만들 때보다 (작은 배와 큰 배의 크기 비율을 훨씬 넘어서는) 더 큰 스톡stock(선박을 만들 때 외부 작업을 하기 위해 설치한 틀—옮긴이), 비계scaffolding(높은 곳에서 일할 수 있도록 설치하는 임시 가설물—옮긴이), 지지대를 사용할까?"

이 의문에 대해 조선소의 한 늙은 장인은 이렇게 대답했다. "배가 자체의 무게 때문에 갈라지지 않게 하기 위해서"인데, "작은 배는 자체의 무게 때문에 갈라지지 않는다."

그 후 갈릴레오는 연구와 실험을 거쳐 다음과 같이 결론 내렸다. "모든 면에서 작은 기계와 똑같은 소재, 똑같은 비례로 만들어진 큰 기계는 작은 기계만큼 강하지 않다. 즉, 충격에 저항하는 힘이 적다. 기계는 클수록 약해진다."

역학적 상사 법칙이 자연과학에도 적용된다는 것을 깨달은 갈릴레오는 이렇게 썼다. "자연도 엄청나게 큰 나무는 만들어낼 수 없다. 엄청나게 큰 나무는 가지가 제 무게를 견디지 못하고 부러질 것이기 때문이다. 또 사람이나 동물의 키가 엄청나게 늘어난다면 그 골격 구조가 유지되지도, 정상적인 기능을 수행하지도 못할 것이다. 간단하게 설명하자면, 작은 동물의 뼈보다 3배 긴 큰 동물의 뼈가 작은 동물의 뼈가 수행하는 기능과 동일한 기능을 수행하려면 두께가 3배보다 훨씬 더 많이 늘어나야 한다는 뜻이다. 그렇다면 거인의 팔다리 비율이 보통 사람의 팔다리 비율과 같은 비

그림 3-4

우리는 전혀 의식하지 못하고 있지만, 형태가 비슷하지만 크기가 다른 것들은 구조의 비례가 엄청나게 다르다. 오른쪽 그림은 나무 세 그루를 각각 실제 비율에 맞춰 그린 것이다. 이 나무들은 셋 다 비례가 맞는 상태로 보인다. 왼쪽 그림은 같은 나무 세 그루를 각각 실제 비율에 맞췄지만 셋 다 같은 크기로 그린 것이다. (왼쪽의) 세쿼이아는 어색하고 몽땅하게 보이고, (오른쪽의) 가문비는 너무 홀쭉해 보이고, (가운데의) 미송美松만 비율이 맞아 보인다.

350피트
(약 110미터)

225피트
(약 70미터)

80피트
(약 25미터)

그림 3-4

그림 3-5

122

그림 3-5

고대부터 현재에 이르기까지 사람들은 거대한 구조물 건설에 관심을 가져왔다. 이런 구조물 중에는 피라미드처럼 불멸을 기원하며 쌓아 올린 것도 있고, 특정한 사건을 기념하거나 특정한 인물을 기리기 위해 지어진 것도 있으며, 방어를 위해 지어진 것도 있다. 또 사람들은 하늘에 닿을 수 있는 높은 구조물을 건설하는 꿈을 꾸기도 했다. 바벨탑이 바로 그런 구조물이었다. 바벨탑이 어느 정도 높이까지 도달했는지, 심지어는 실제로 지어지긴 했는지 확인할 수 없지만, 전설에 따르면 바벨탑은 결국 완공되지는 못했다. 하늘의 존재들이 지상의 인간이 침입할 수 있다고 생각해 바벨탑을 건설하는 사람들의 언어를 갈라놓았기 때문이다.

현대에 들어 건축가 프랭크 로이드 라이트Frank Lloyd Wright는 1마일(1.6킬로미터) 높이의 건물을 설계했고, 조각가 겸 건축가이자 사회철학자인 파올로 솔레리Paolo Soleri는 도시 전체, 공장, 공항을 수용할 수 있는 하나의 독립적인 건물에 수백만 명이 살 수 있는 거대한 구조를 설계하기도 했다.

이기적인 목적에서든 숭고한 목적에서든 이렇게 거대한 구조를 지으려는 시도는 처음부터 물리적으로 불가능했다. 물리적 구조는 크기가 늘어날수록 힘이 줄어들기 때문이다. (하늘에 닿을 정도의 구조물이 아니라면) 거대한 구조물은 구축하기가 불가능하지는 않지만, 이런 구조물을 구축하려면 구조물의 크기가 커질수록 점점 더 현실에서는 추가할 수 없는 수준의 엄청난 지지 구조와 강화 구조 그리고 질량이 추가되어야 한다.

율일 때는 거인의 힘은 보통 사람의 힘보다 약할 수밖에 없다. 힘이 약해지지 않으려면 거인의 형태는 '괴물'의 형태가 되어야 할 것이다. 이의 역도 성립한다. 몸의 크기가 줄어들면 그 몸이 가지는 힘도 많이 늘어날 것이다. 따라서 작은 개는 자신과 크기가 같은 개 두세 마리를 등에 태울 수 있지만, 말은 자신과 같은 말을 한 마리도 등에 태울 수 없을 것이다."

생물은 어떤 활동을 하는지, 어떤 물질로 구성되어 있는지, 구조와 형태가 어떠한지에 따라 크기가 제약된다. 딸기, 자두, 체리, 레몬 같은 것들은 나무에 안정적으로 달려 있을 수 있지만, 사과나 오렌지는 자기가 매달려 있는 나무의 구조에 약간의 문제를 일으키며, 자몽은 자기가 매달려 있는 나무와 가지를 밑으로 당긴다. 멜론은 아예 땅에서 자란다. 가을 날씨에 잘 자란 호박이 나무에 계속 매달려 있으려면 비현실적으로 줄기가 커야 할 것이다.

물체의 크기가 커지면 힘이 줄어들고 형태가 변하지만, 물체를 구성하는 물질은 그대로다. 큰 물체와 작은 물체가 같은 물질로 구성되는 것은 너무나 명백한 사실이지만, 매우 흥미로운 생각이기도 하다. 큰 물체를 구성

그림 3-6
이 그림은 크기의 변화에 수반되는 다른 변화를 보여주기 위해 갈릴레오가 그린 그림을 재구성한 것이다. 아래쪽 그림은 정상적인 비율의 동물 뼈를 그린 것이고, 위쪽 그림은 강도를 아래의 뼈 강도와 같게 만들기 위해 길이를 3배 늘리면서 둘레를 늘린 구조다. 이 그림은 물체의 크기(길이)가 커지면 질량이 훨씬 더 많이 늘어나야 한다는 것을 보여준다.

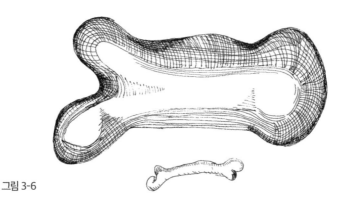

그림 3-6

하는 입자는 작은 물체를 구성하는 입자보다 클 것이라는 생각은 논리적일 수 있다. 예를 들어, 산의 화강암 표면은 테니스 공 크기의 입자로 구성되며, 거대한 비행기는 거대한 원자들로 구성된 금속으로 이루어지고, 삼나무와 고래를 구성하는 세포는 벼룩이나 버터컵buttercup(미나리아재빗과의 꽃식물―옮긴이)을 구성하는 세포와 다를 것이라는 생각이 그렇다. 그러나 사실 이런 생각은 틀렸다. 하마를 구성하는 세포와 단세포 원생동물을 구성하는 세포는 크기가 거의 같다. 강철로 만든 다리의 도리girder와 손목시계 안에 있는 미세한 스프링은 거의 같은 크기의 입자로 구성된다. 우리가 사는 우주에 존재하는 큰 것들은 작은 것들이 축적되어 크게 만들어진 것에 불과하다.[18]

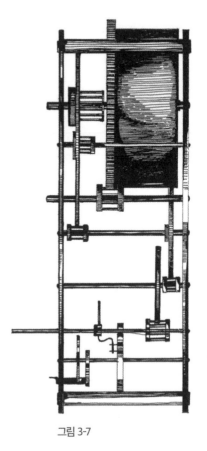

그림 3-7

형태를 구성하는 물질은 크기에 따라 변하지 않지만, 형태 자체는 크기

그림 3-7

사물의 형태는 크기가 매우 다양하지만, 사물을 구성하는 분자들의 크기는 거의 같다. 손목시계의 부품, 강철 다리, 사무실 건물을 구성하는 입자의 크기는 거의 같다.

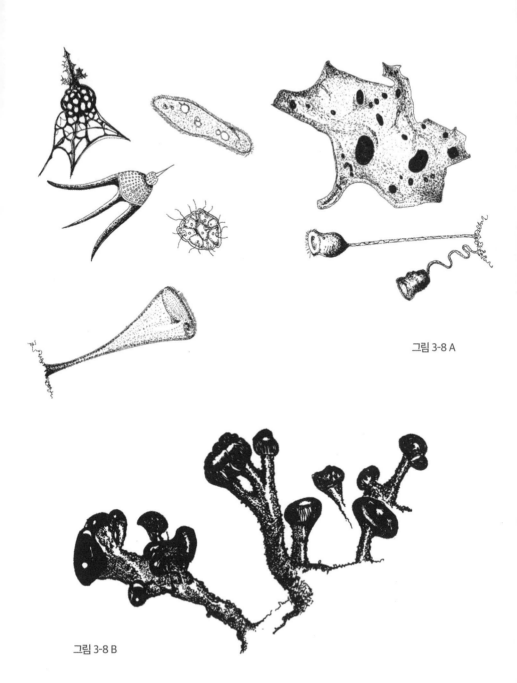

그림 3-8 A

그림 3-8 B

가 변화함에 따라 엄청나게 변한다. 이런 변화는 다양한 크기 수준에서 다양한 영향에 의해 발생한다. 아주 작은 것들은 중력과 무관하게 발달한다. 단세포 미생물은 큰 다세포동물에 영향을 미치는 힘과 상당히 다른 힘에 반응한다. 이런 미생물들에게 영향을 미치는 것은 분자의 활동이다. 생물과 무생물의 경계에 있는 미세한 박테리아는 중력의 영향에서 거의 완전히 자유롭지만, 분자들의 거센 움직임과 싸워야 한다. 이것을 브라운 운동 Brownian movement이라고 한다. 이 미생물들은 너무 작기 때문에 자신의 생존을 의존하는 숙주를 구성하는 분자들의 움직임에 영향을 받는다.

미생물은 일반적으로 수분이 많은 환경에서 발달하며, 기생하는 숙주의 점성이 미생물의 발달에 실제로 영향을 미친다. 원생동물은 자기에게는 매우 밀도가 높게 느껴질 물 한 방울을 힘겹게 통과할 것이고, 자기 세포막 안에 있는 점성이 높은 물의 영향을 받기도 한다. 미생물이 사는 환경에서 온도 변화가 일어나 물의 증발 상태가 약간만 변해도 미생물은 엄청난 영향을 받아 이리저리로 빠르게 움직이게 될 것이다. 이런 미세한 환경에서는 미세한 전하 발생이나 화학반응도 미생물의 생존 활동과 형태에 엄청난 영향을 미칠 수 있다.

이런 미생물들은 중력의 영향에서 거의 자유롭게 발달하므로 더 큰 크

그림3-8 A, B
현미경으로 관찰한 이 미세한 형태들은 중력의 제약을 전혀 받지 않고 발달하지만, 중력이 아닌 다른 힘들의 지배는 확실하게 받는다.

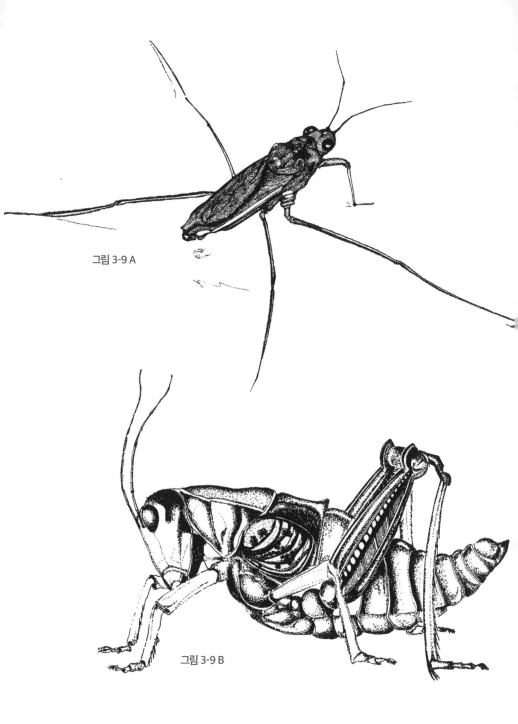

그림 3-9 A

그림 3-9 B

기에서는 불가능한 형태로 성장한다. 단세포 원생동물인 나팔벌레는 땅 위에서 깔때기 모양으로 몰아치는 토네이도와 비슷하게 생겼고, 종벌레는 매우 긴 줄기 위에 컵이 얹힌 모양을 띤다. 유리 헬멧처럼 생긴 미생물도 있고, 바늘꽂이처럼 생긴 미생물도 있다. 이런 미생물들은 어디가 위인지 아래인지도 분명하지 않으며, 짧은 시간 동안 살면서 여기저기 구르고, 튕기고, 부딪힌다. 이 미생물들이 띠는 형태는 인간의 크기 수준에서는 가능하지 않다.[19]

벼룩은 몸 전체 길이의 200배까지 뛰어오를 수 있지만, 다리가 물방울을 뚫고 들어가면 그 자리에서 꼼짝도 할 수 없게 된다. 벼룩처럼 작은 형태에 액체의 표면장력은 상당히 큰 힘이다. 표면장력은 소금쟁이나 물맴이

그림 3-9 A, B
벼룩은 자기 길이의 200배, 메뚜기는 75배, 개구리는 15배, 토끼는 7배, 개는 5배, 인간은 약 2배까지 점프할 수 있다. 메뚜기의 점프 메커니즘이 우수할 수도 있지만, 크기의 차이가 다른 모든 요소보다 더 큰 영향을 미치는 것은 사실이다.

(딱정벌레목 물맴잇과의 수생곤충—옮긴이) 같은 작은 생물체의 삶 전체를 바꿀 수 있다. 이런 작은 생물체들은 연못이나 강의 표면에 덮인 얇은 막에 절대적으로 의존한다. 표면장력은 물 같은 액체의 표면을 수축하여 일종의 '피부'가 형성되게 한다. 대부분의 곤충에게 이 '피부'는 안정적으로 미끄러져 이동할 수 있는 발판 역할을 한다. 하지만 이 '피부'가 곤충의 다리나 몸에 의해 일시적으로 뚫리면, 탄성력으로 뚫린 부분이 줄어들면서 곤충의 다리나 몸이 이 '피부'에 갇히고 탈출이 거의 불가능해진다. 물방울에 갇힌 작은 곤충은 물이 증발할 때까지 꼼짝도 할 수 없게 된다.

그러나 중력이 큰 생명체를 끌어당길 때는 '위'와 '아래'가 중요해진다. 크기가 커질수록 생물의 형태는 점점 더 크게 중력에 반응하게 되며, 구조화의 필요성이 더 커진다. 개미와 딱정벌레는 장력 축에 의존하는 속이 빈 껍질 형태를 띤다. 이 곤충들에서 튜브 구조의 다리 부분은 수평 방향으로 몸에서 나와 땅 쪽으로 구부러진다. 이 곤충들의 몸은 외팔보 위치에 있는 다리들에 의해 땅에서 떨어져 지탱된다. 이 구조는 기동성이 매우 높은 구조를 만드는 것이 얼마나 어렵고 정교한 일인지 보여준다.

크기가 커지면 속이 빈 골격 구조는 별로 중요하지 않게 된다. 크기가 커질수록 내부에서 구축된 골격이, 힘이 약해지는 속이 빈 골격 구조보다 크기의 증가에 더 잘 대처할 수 있게 되기 때문이다. 중력이 아래로 당김에 따라 생물체의 다리는 무게중심 바로 밑으로 내려간다. 고양이나 개의 뒷다리는 빠른 움직임을 위해 구부러져 있지만, 이 구부러짐은 이 동물들의 몸 앞쪽을 향한다. 또한 이 동물들의 뒷다리는 몸과 완벽한 직각을 이

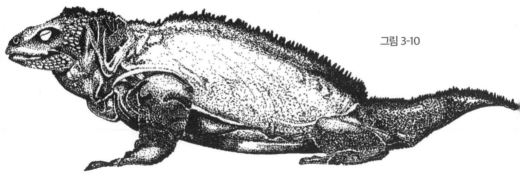

 그림 3-10

그림 3-10

작은 동물은 대부분 다리와 몸이 직각을 이룬다. 작은 동물의 다리는 몸통에서 직접 돌출되어 있어 몸과 땅 사이에서 용수철 역할을 한다. 이 구조는 민첩성을 구현하는 데 유리하다. 작은 도마뱀은 매우 빠르게 움직인다. 그러나 그림의 이구아나처럼 큰 도마뱀은 몸과 다리가 직각을 이루는데도 느리고 어색하게 움직인다. 이 정도 크기의 동물이 빠르게 움직일 수 있으려면 개나 말에서처럼 다리가 무게중심 밑에 있어야 한다.

루지 않고 약간 비스듬하다. 다리가 몸과 직각을 이루는 악어 같은 큰 파충류는 몸이 너무 커 땅에서 움직이기가 매우 힘들다. 이 동물들보다 훨씬 더 강하게 작용하는 더 큰 동물들의 다리는 곧은 형태로 압축력을 받는 역할을 주로 한다. 중력의 영향을 가장 많이 받는 동물은 하마와 코끼리다. 이 동물들의 다리는 거대한 몸의 네 구석을 지탱하면서 압축력을 받는 곧은 기둥이라고 할 수 있다.

수중 동물들은 물의 흡수와 확산 특성을 이용해 자신의 구조적 문제를 해결한다. 해파리의 모습을 떠올려보고, 그것이 그 형태로 바닷속 환경에서 살지 않고 육지에서 살았다면 어떠했을지 상상해 보라.

물고기의 골격과 뼈는 물의 하중을 흡수하고 자신의 격렬한 움직임을 감당할 수 있을 정도로 얇고 유연하지만, 한 방향으로 끌어당기는 중력을 감당할 수 있는 구조는 아니다. 고래는 몸집이 너무 커 땅 위로 옮겨 놓으면 생존할 수 없다. 고래의 몸이 엄청나게 커진 유일한 원인은 물의 부력이다.

코끼리는 육상동물 중에서 가장 큰 동물이다. 코끼리의 두꺼운 다리는 압축을 받는 기둥 역할을 하면서 몸을 받치고 있다. 코끼리의 목은 거대한 머리를 지탱하기 위해 짧고 무겁게 진화했다. 걷는 동물 중에서 양극단에 있는 코끼리와 장님거미(작은 몸통 하나에 자기 몸보다 더 기다란 다리 네 쌍을 가진 거미—옮긴이)를 비교해 보자. 코끼리와 장님거미를 같은 크기로 만든다면 둥근 형태 2개가 보일 것이다. 이 둥근 형태 중 하나는 몸의 무게와 거의 같은 다리들로 지탱되고, 다른 하나는 몸을 지탱하는 다리들이 거의 보이지 않을 것이다. 늘어난 장님거미의 몸은 방사형으로 뻗은 다리들에 의해 지탱

그림 3-11

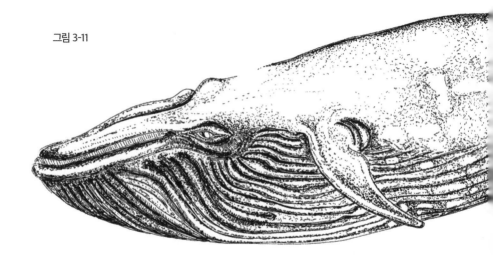

되며, 외팔보 위치에서 장력을 받는 이 길고 가는 다리들은 아래로 축 늘어질 것이다. 장님거미는 원래의 작은 크기일 때만 빠르게 움직일 수 있다. 장님거미의 크기를 4배로만 늘려도 형태가 달라질 것이다.

물체의 크기가 물체의 힘에 미치는 영향은 광원의 크기가 광원의 밝기에 미치는 영향과 비슷하다. 빛을 내는 어떤 물체의 크기가 커지거나 작아

그림 3-11

고래는 구조적으로 땅에서 생존할 수 없다. 고래의 뼈가 크긴 하지만, 땅에서 몇 톤에 이르는 엄청나게 무거운 몸을 유지하면서 빠르게 움직일 수 있을 정도로 크지는 않다. 고래는 바다의 부력을 받아야 살 수 있다. 역학적 상사 법칙에 따라, 고래는 열을 보존하는 능력이 있다. 고래는 몸집이 크기 때문에 몸집이 작은 수생 포유류보다 단위 면적당 더 적은 열을 방출한다. 또 고래는 몸집이 작은 다른 수중 생물들보다 물에서 더 쉽게 움직일 수 있다.

생물의 눈은 가시광선에 반응해 발달한다. 따라서 생물의 눈 크기는 동물이나 곤충에서 큰 차이가 없다. 고래의 눈은 몸 크기의 약 3000분의 1, 사람의 눈은 몸 크기의 약 200분의 1, 모기의 눈은 약 8분의 1이다.

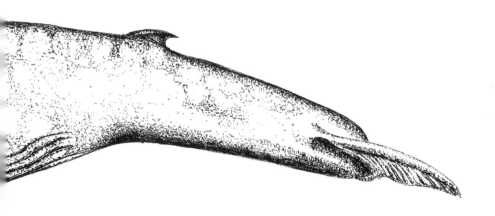

그림 3-12

그림의 브라키오사우루스처럼 키가 12미터에 이르고 몸집이 육중한 과거의 거대한 육상 생물들은 물에서 상당히 많은 시간을 보냈을 것이다. 이런 육상 생물들은 중력 때문에 장기와 근육이 계속 부담을 받았을 것이고, 물에서 휴식을 취함으로써 그 부담을 줄이려고 했을 것이다.

지면 빛은 다른 광원이 영향을 미치기 전까지 점점 밝아지거나 어두워진다. 분자 활동이 말에 미치는 영향이 중력이 박테리아에 미치는 영향만큼이나 적은 이유는 크기에 있다.

크기는 형태를 결정하는 수준을 넘어 생명체의 생명 유지 패턴도 결정한다. 큰 동물은 대부분 (크기에 비해) 산소를 적게 소비하며, 에너지를 적게 쓰고, 먹이도 적게 먹는다. 큰 동물은 작은 동물보다 날개 등의 움직임이 느리고, 목소리가 낮고, 심장이 느리게 뛰고, 오래 산다. 반면 작은 동물은 대부분 크기에 비해 엄

그림 3-12

청나게 많은 양의 먹이를 먹고, 날개의 움직임이 빠르고, 심장도 빠르게 뛴다. 작은 동물은 크기에 비해 많은 양의 산소를 소비하고, 에너지가 많은 먹이를 먹으며, 목소리가 높고, 수명이 짧다.

톡토기springtail(길이가 1밀리미터가 안 되는 절지동물—옮긴이)는 매우 빠르게 몸을 톡톡 움직이고, 작은 거미는 시종일관 매우 빠르게 기어 다닌다. 작은 새와 다람쥐는 빠르게 움직이다 빠르게 멈추기를 반복하며 땅 위에서 돌아다닌다. 고양이와 여우는 매우 빠르지만 움직임이 부드럽다. 호랑이도 매우 빠르게 달리지만, 고양이나 여우만큼 짧은 시간 내에 최고 속도를 내지는 못한다. 호랑이의 움직임은 하나의 움직임에서 다른 움직임으로 물 흐르듯이 흐르기 때문이다. 말이나 얼룩말, 엘크elk(사슴과의 동물—옮긴이)의 움직임은 우아함의 극치를 보인다. 황소의 움직임은 차분하며, 브론토사우루스의 움직임은 어색했을 것이다.

'생명의 속도rate of life'라는 용어는 생명이 소비되는 속도를 가리키는 말이다. 작은 생물은 큰 생물에 비해 매우 짧은 시간 안에 태어나고, 자라고, 번식하고, 움직이다 죽지만, 크기에만 기초해 생명에 대해 판단하는 것은 공정한 일이 아닐 수도 있다. 큰 동물은 작은 동물보다 200배 더 오래 살 수는 있지만, 작은 동물이 1분도 채 안 되는 시간을 투자해 성과를 얻는 것을 하마처럼 큰 동물이 아프리카의 햇볕을 쬐면서 몇 년을 보내는 것과 단순 비교해서는 안 된다.

다시 톰프슨D'Arcy Thompson에 따르면, "인간은 매일 체중의 50분의 1 정도 되는 양의 음식을 섭취하지만 쥐는 하루에 제 몸무게 정도 되는 먹이

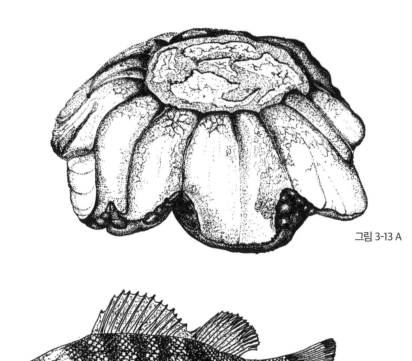

그림 3-13 A

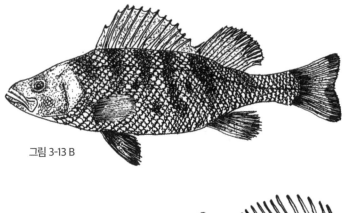

그림 3-13 B

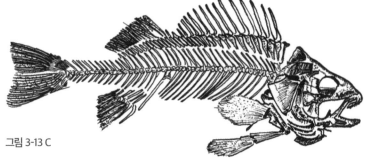

그림 3-13 C

를 먹는다. (…) 쥐보다 훨씬 작은 온혈동물은 존재할 수 없을 것이다. 그 정도 크기의 동물은 체온을 일정하게 유지하는 데 필요한 먹이를 구할 수도, 소화할 수도 없을 것이기 때문이다. 따라서 가장 작은 개구리나 가장 작은 물고기만 한 포유동물이나 새는 존재할 수 없다. 작은 크기가 불리해지는 현상은 북극 같은 환경 또는 열대류 현상이 두드러지는 바다 환경에서 심화된다. 북극 지역에서 큰 새들은 살 수 있지만 작은 새들은 살 수가 없다. (…) 또 바다에는 작은 포유류가 살지 않는다."[20]

작은 동물은 큰 동물에 비해 아주 적은 노력으로도 빠르게 움직일 수 있지만, 같은 위치에서 버티기 위해서는 더 많은 적응을 해야 했다. 파리의 발이 코끼리의 발처럼 뭉툭하고 부드럽다면, 바람만 조금 불어도 여기저기로 날려 다닐 것이다. 쥐의 발이 사람의 발과 같다면, 발톱으로 바닥을 굳게 붙잡을 수 없어 빠르게 달리는 데 필요한 견인력을 가질 수 없을 것이다. 생물은 크기가 커지면 고정 수단이 덜 필요해진다. 실제로, 아주 작은 생물은 갈고리나 빨판, 중간 크기의 생물은 발톱이나 손, 큰 동물은 발굽이 필요하며, 발이 평평한 코끼리는 중력만으로도 제자리에 안정적으로

그림 3-13 A, B, C
황농어 같은 물고기는 중력의 영향을 받지 않고 기능할 수 있는 골격 체계를 가지고 있다. 황농어의 골격은 다양한 방향으로 자유롭게 움직일 수 있도록 만들어졌다. 이에 비해 육상 동물은 한 방향으로의 당김에 최적화된 구조로 되어 있기 때문에 하중을 흡수하는 구조 시스템을 가질 수밖에 없다. 해파리는 물 밖에서는 생존할 수 없을 뿐 아니라 형태를 유지할 수도 없다.

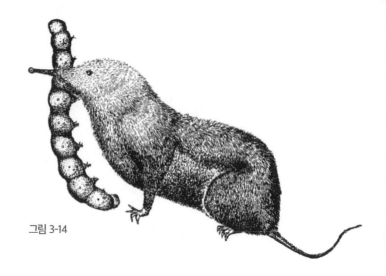

그림 3-14

그림 3-14

땃쥐shrew와 박쥐는 포유류 중에서 가장 작은 동물이다. 땃쥐는 길이가 5센티미터를 넘지 않으며, 몸무게도 30그램 미만이다. 땃쥐는 체온을 유지하려고 엄청난 양의 먹이를 먹는다는 면에서 보면, 그보다 작은 온혈동물은 존재하기 힘들 것이다. 역학적 상사 법칙에 따라, 땃쥐 같은 작은 포유류는 크기에 비해 많은 양의 열을 발산한다.

그림 3-15

작은 동물들은 일정한 위치에서 버티기 위해 큰 동물들보다 발톱, 갈고리, 흡착판, 집게 같은 것들이 더 많이 필요하다. 반면, 큰 동물들은 코끼리처럼 발이 평평해도 몸무게 때문에 발생하는 마찰력만으로도 일정한 위치에서 버틸 수 있다.

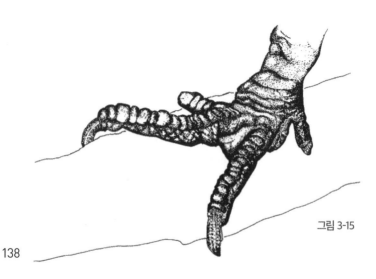

그림 3-15

서 있을 수 있다.

일부 예외도 있지만, 일반적으로 나는 동물은 걷는 동물보다 작다. 나는 동물 중에서는 큰 동물이 나는 데 불리하다. 새가 할 수 있는 일의 양은 새가 이용할 수 있는 근육의 크기, 즉 새의 크기에 비례한다. 또 새가 반드시 해야 하는 일의 양은 새의 무게와 길이에 비례한다. 클수록 새는 더 많은 일을 해야 한다는 뜻이다. 새는 크기가 2배가 될 때마다(예를 들어, 울새 크기의 새가 갈매기 크기의 새가 된다면) 날기가 1.4배씩 어려워진다. 예를 들어, 참새보다 25배 큰 타조는 참새보다 5배는 더 날기 힘들다. 따라서 타조는 날개를 움직여 날 수 있는 상한선을 넘어섰다고 할 수 있다.

큰 새들이 활공 비행에 의존해 근육을 쉬게 하는 데에는 이런 이유가 있다. 실제로 큰 새일수록 활공 비행에 더 많은 시간을 쓴다. 작은 새들은 빠르게 날면서 공중에서 맴돌 수 있고, 심지어는 수직으로 날아오를 수도 있다. 반면 큰 새들은 날아오르기 위해 달리거나 점프의 도움을 받아야 하는 경우가 많다. 날아다니는 곤충들은 작은 새들보다 훨씬 더 비행에 능숙하다. 이 곤충들은 매우 빠른 속도로 날개를 퍼덕거림으로써 몸을 움직이지 않고도 공중에서 멈춰 있을 수 있다. 만약 이카로스Icaros(밀랍 날개를 달고 날아올라 태양에 다가가려다 밀랍이 녹아서 추락한 그리스 신화 속 등장인물 —옮긴이)가 실제 인물이었다면, 날아오르기 위해서 제 몸무게의 반이 넘는 무게의 흉근이 필요했을 것이다. 그러나 새들의 주요 비행 근육인 흉근은 인간 몸무게의 85분의 1 정도에 불과하다.

크기는 인간에게 좋은 영향과 나쁜 영향을 모두 미친다. 건물을 크게

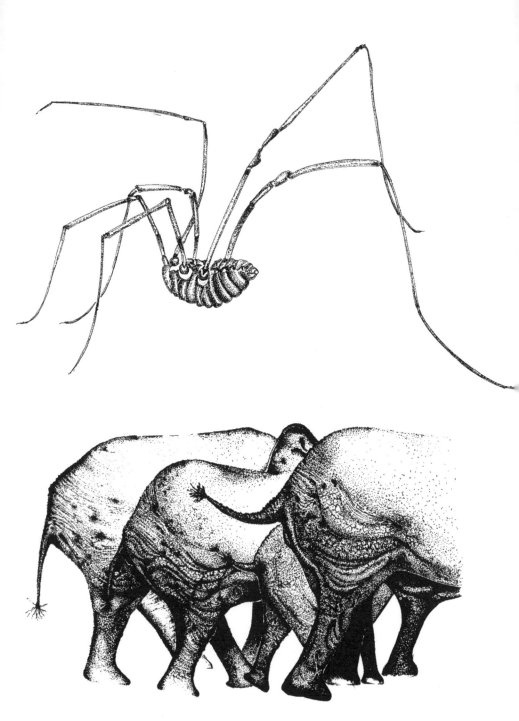

그림 3-16

그림 3-16

큰 새는 공중으로 날아오르기 위해 도움을 받아야 할 때가 많다. 예를 들어, 갈매기는 발로 땅을 차면서 날아오른다. 큰 새 중에는 날기 위해 높은 곳에서 뛰어내리거나 날개 끝부분으로 땅이나 물을 철썩철썩 여러 차례 때리기도 한다. 큰 새는 작은 새에 비해 잘 날지 못한다. 날아다니는 곤충은 작은 새보다 공기에 훨씬 더 잘 적응되어 있다.

그림 3-17 A, B, C

새와 곤충의 날갯짓 메커니즘은 크기에 제약을 받는다. 몸이 일정 수준 이상으로 커지면 비행이 불가능해진다는 뜻이다. 날개에 힘이 실리려면 근육이 상당히 많아야 한다. 근육이 많아지려면 몸무게가 늘어야 하고, 그렇게 몸무게가 늘면 새에게 필요한 근육의 양이 훨씬 더 많아지기 때문에 날기가 더 어려워진다. 모아moa(뉴질랜드에 서식했던 날지 못하는 새—옮긴이)는 이 상한선을 넘었기 때문에 날 수 없게 되었고, 그 결과 모아새에게서 비행 메커니즘이 사라졌다. 하지만 곤충은 작은 크기의 장점 때문에 상당히 잘 날 수 있다.

세우려면 크기에 비해 훨씬 더 많은 구조가 필요하지만, 큰 건물은 (예컨대 아파트처럼) 부피에 비해 외부와 맞닿아 있는 표면적이 적기 때문에 열 통제에 유리하고 효율성이 높다. 대형 유조선은 역학적 상사 법칙 때문에 소형 선박보다 더 효율적이다. 선체의 표면이 4배만 늘어나도 실을 수 있는 화물의 부피는 8배까지 늘어나기 때문이다. 또 대형 유조선처럼 선체 표면이 차지하는 비율이 낮은 선박은 물과의 마찰이 줄어들기 때문에 효율성도 높아진다. 반면, 표준적인 선박 제작 방법으로 만든 대형 유조선은 항해 환경이 극도로 거칠지 않았는데도 쉽게 파손되어 재앙을 초래했다. 대형 유조선 규모의 선박을 만들려면 훨씬 무거운 선박을 만드는 방법이 사용되어야 한다. 400년 전 갈릴레오가 발견한 원리가 바로 이것이다.

소재와 구조는 중력의 영향을 매우 크게 받는다. 더 큰 분자들로 구성된 새로운 소재가 만들어지거나 소재를 만드는 새로운 방법이 발견되지 않는 한, 지구 표면 위에서 매우 큰 구조를 구축하는 데는 제약이 존재할 수밖에 없다. 하지만 물속에서는 매우 큰 구조를 지구 표면에서보다 더 효율적으로 구축할 수도 있을 것이다. 지구 밖에서도 엄청나게 큰 구조를 만

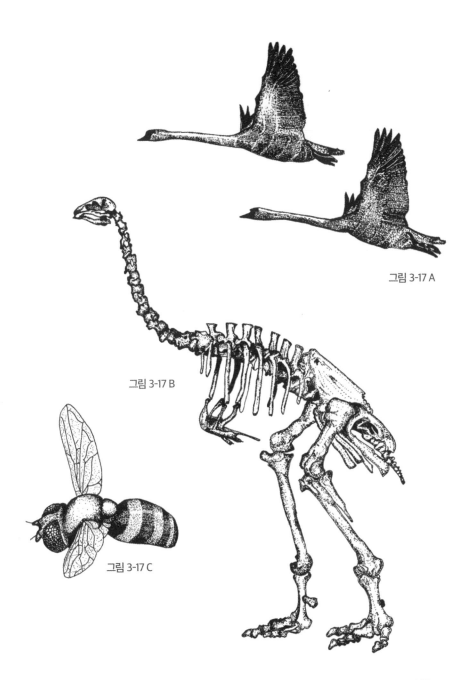

그림 3-17 A

그림 3-17 B

그림 3-17 C

들 수 있을 것이다. 지구 밖에서는 물체의 표면적은 줄어들고 부피가 늘어나기 때문에 소재를 적게 사용해도 되고, 지구 중력을 고려할 필요가 없기 때문이다. 미생물처럼 지구 밖 물체는 중력의 영향을 받는 생물이나 구조물보다 훨씬 더 자유롭게 형성될 수 있다.

origins of *form*

4

—

기능

생물학자들은 모든 형태가 적응성을 가진다고 말한다. 이는 모든 생물종이 자신이 살고 있는 지역의 기후와 지형, 자신의 움직임, 먹이 섭취, 싸움, 짝짓기 등 환경과 그 환경 안에서 자기 삶을 구성하는 수많은 요소 모두에 더 잘 적응하기 위해, 즉 자신의 기능에 맞추기 위해 자신의 형태를 변화시킨다는 뜻이다. 예술가, 디자이너, 건축가들은 이 개념을 형태가 기능을 따른다는 말로 달리 표현한다. 이는 물체의 형태가 물체의 기능이 요구하는 것들에 순응한다는 뜻이다.

자연적인 환경과 인공적인 환경 모두에 같은 원칙이 적용될 수 있다. 즉 모든 형태는 기능에 순응하기 위해 끊임없이 진화한다. 마치 완벽한 형태의 최종 결과물이 존재할 것으로 기대하지만, 형태는 (결코 도달할 수 없는) 완벽한 형태가 되기 위해 계속 진화할 뿐이다.[21]

과연 완벽한 기능성 같은 것이 존재할 수 있을까? 만약 완벽한 기능성이 존재할 수 있다면, 그것을 구현할 수 있는 형태는 무엇일까? 예를 들어 보자. 정원사가 어떤 정원의 작은 텃밭에서 흙을 뒤집고 있다. 이 정원사는 오래 사용해 닳아버린 부삽을 생각한다. 부삽은 앞쪽 날이 닳았고 나무로 만든 손잡이에는 금이 가 있다. 부삽의 날은 오랜 시간이 지나면서 풍화되어 녹이 슬고, 계속 힘을 받으면서 사용되어 낡아 이제 거의 수명을 다한 것 같다. 일을 하면서 정원사는 처음부터 자신의 필요에 정확하게 부응하는 삽의 모양을 상상해 본다. 정원사는 그동안 이 작은 부삽이 자기 일에 별로 도움이 되지 않았다고 생각한다. 정원사의 손에는 항상 굳은살이 박여 있었고, 두 시간만 일해도 왼손 엄지 안쪽에는 항상 물집이 잡혔기 때문이다. 게다가 부삽 손잡이는 너무 짧고 두꺼운 데다 날의 각도도 잘못되어 있었고, 그 자체가 너무 무거웠고, 날의 표면에 늘 흙이 붙었다. 부삽 전체가 잘못 만들어진 것 같았다.

이 오래된 부삽으로 일을 하면서 정원사는 새로운 형태의 부삽을 상상하기 시작한다. 현재까지 알려진 소재가 아닌 전혀 새로운 소재로 만들어진 부삽, 그동안 전혀 상상하지 못했던 구조의 부삽이다. 정원사는 이 부삽이 가질 구체적인 기능들에 대해 생각한 뒤, 그 결과를 모아 완전히 새로운 형태의 부삽을 상상해 낸다. 이렇게 상상해 낸 부삽은 기존의 부삽과 형태가 전혀 다르다. 이 새로운 부삽은 한 손으로도 두 손으로도 사용할 수 있으며, 심지어는 발로도 사용할 수 있다. 가볍고 가는 손잡이는 어떤 위치에서 잡아도 항상 손에 딱 들어맞는다. 손잡이의 소재가 바깥쪽은 부드럽지만 안쪽은 견고하기 때문이다. 손잡이에 힘을 가하면 부삽은 용수철처럼 탄력을 가지고 부드럽게 움직인다.

부삽 손잡이의 끝부분은 손목을 구부리지 않아도 꽉 잡을 수 있도록 독특한 구조로 되어 있다. 하지만 이보다 더 만족스러운 기능은 기계장치 없이도 작업의 종류에 따라 부삽 전체의 길이가 늘어날 수 있다는 것이다. 손잡이 반대편에는 앞부분은 휘어져 있고 뒷부분은 평평하지만 매우 얇고 강한 삽이 달려 있다. 이 삽 부분은 매우 쉽게 진흙을 뚫고 식물의 뿌리를 잘라낼 수 있으면서도 진흙이 전혀 묻지 않으며, 작지만 엄청난 무게를 지탱할 수 있다. 또 이 새로운 부삽은 사용할수록 더 예리해지고 강해진다. 모양도 매우 매력적이어서 작업이 끝나면 거실에 걸어 놓고 싶을 정도다. 이 부삽은 25년 동안 비와 눈을 맞아도 오히려 모양이 더 고색창연해지면서 매력적으로 변하고, 그러면서도 부삽의 기능은 조금도 잃지 않는다. 마지막 삽질을 마친 정원사는 형태가 기능을 따라 변할 수는 있지만 결코 완벽하게 기능을 따라잡지는 못할 것이라고 생각하게 된다.

형태는 그 기능에 완전히 순응하는 형태가 된다는 목표를 이룰 수 있을까? 결코 그렇지 못할 것이다. 하지만 그렇다고 해도 형태는 언제나 그 목표를 이루기 위해 계속 시도해야 한다. 금속 부분이 녹슬고 나무 부분이 금이 간 작은 부삽은 거의 그 부삽과 다르지 않은 다른 부삽으로 대체될 것이다. 적응 과정은 매우 더디게 일어나는 과정이기 때문이다. 대체된 부삽은 까다롭지 않은 사람의 요구를 만족시키기에는 충분하겠지만, 이상적인 부삽과는 거리가 멀 것이다. 아직 발견되지 않은 법칙들을 이용해 구조적이고 기계적으로 정원사가 사용하기에 이상적인 도구를 설계하는 것이 가능해지고, 아직 합성되지 않은 인공 재료를 이용해 이상적인 도구를 만드는 것이 가능해진다고 가정해도, 그 도구가 어떤 형태를 띨지는 여전히 예측하기 힘들 것이다. 이상적인 도구에 관한 생각이 사람마다 다를 것이기 때문이다. 이 도구를 사용하는 사람의 주치의는 그것이 특정 근육의 사용에 기초한 다루기 쉬운 도구가 되어야 한다고 생각할 것이고, 정원사와 정원의 주인은 작업 효율을 가장 크게 높일 수 있는 도구가 되어야 한다고 생각할 것이고, 이 도구를 판매하는 상점 주인은 보관하기 쉽고 보관대의 공간을 적게 차지해야 한다고 생각할 것이고, 배달하는 사람은 가볍고 작아야 한다고 생각할 것이고, 제조한 사람은 이윤을 중시할 것이다. 또 이상적인 도구에 대한 정원사의 생각도 시간이 지나면서 달라질 것이다.

일반적으로 사람들은 최소한의 노력으로 최선의 결과를 얻으려고 한다. 경제성을 향한 일반적인 움직임은 모두 이런 방식으로 이루어진다. 적응 반응은 성공적이지 못한 시도(에너지, 형태, 재료 면에서 가장 경제성이 떨어지는 시도)를 버리고 더 성공적인 시도를 선택하는 과정이다. 그렇다면 적응적인 형태는 어떤 방식으로 시장을 변화시킬까?[22]

목수들이 사용하는 망치는 네 종류가 있다. 큰 망치는 무거운 목재를 짜 맞추는 데 사용되고, 중간 크기의 망치 두 종류는 판자나 널빤지 작업을 하는 데 사용되며, 작은 망치는 가구를 만드는 데 사용된다. 이 모든 망치는 용도에 맞춰 사용되지만, 목수들의 작업 방식은 변화하고 있다. 목수들은 점점 더 가벼운 목재를 사용하고 있다. 조립하기가 더 쉽고 싸기 때문이다. 또 요즘 목수들은 무거운 목재도 큰 못 대신 강철로 만든 밴드와 볼

트를 이용해 결합한다. 따라서 요즘에는 목재를 결합하기 위해 큰 골조용 망치framing hammer를 거의 사용하지 않는다. 그리고 요즘 목수들은 주방용 가구나 거실용 가구를 만들 필요가 없어졌다. 이런 가구는 대부분 공장에서 완제품으로 만들어져 설치하기만 하면 되기 때문이다. 따라서 요즘에는 미세하고 정교한 작업에 사용되는 마감용 망치finishing hammer도 잘 사용되지 않는다.

목수는 중간 무게의 두 망치 중에서 균형이 더 잘 잡혀 있고, 못뽑이의 각도가 못을 뽑기 더 쉽게 되어 있고, 손잡이가 잡기 쉬운 형태인 망치를

그림 4-1 A, B

"형식은 기능을 따른다"라는 말은 설계가 최종 결과물을 염두에 두고 이루어져야 한다는 말로 해석되는 경향이 있다. 하지만 형식이 기능을 따르는 과정은 본질적으로 언제나 진행형 과정이며, 아마 이 과정의 끝은 존재하지 않을 것이다. 17세기에 설계되어 사용된 이 작은 현미경은 당시의 최첨단 기술로 만들어진, 즉 당시에 구현할 수 있는 가장 정교한 형태와 기능이 구현된 도구였을 것이다. 받침대, 조절나사, 대물렌즈, 접안렌즈는 현미경에서 특정한 기능을 하도록 설계되어 있다. 그로부터 200년 뒤 카메라가 부착되면서 새로운 차원으로 업그레이드된 현미경은 재물대를 미세하게 움직여 더 정교하게 관찰할 수 있게 되었고, 광학의 발달로 다중 렌즈를 사용할 수 있게 됨에 따라 관찰되고 있는 물체를 카메라로 찍어 사진으로 남길 수 있게 되었다.

이 두 종류의 현미경에서는 기술 수준의 엄청난 향상이 보인다. 광학 방식 확대에서 전자 방식 확대로 도약하는 데는 20년밖에 걸리지 않았지만, 그것은 이 두 현미경 사이에서 이루어진 기술적 도약보다 훨씬 더 큰 기술적 도약이었다. 현재의 현미경은 과거의 현미경과 본질적으로 기능이 동일하지만, 그 기능을 수행하는 형태는 엄청나게 변화했다. 미래 사람들은 현재의 현미경이 미래에 발생할 새로운 수준의 기능적 수요를 충족할 미래의 현미경에 비해 매우 원시적인 형태를 띤다고 볼 것이다.

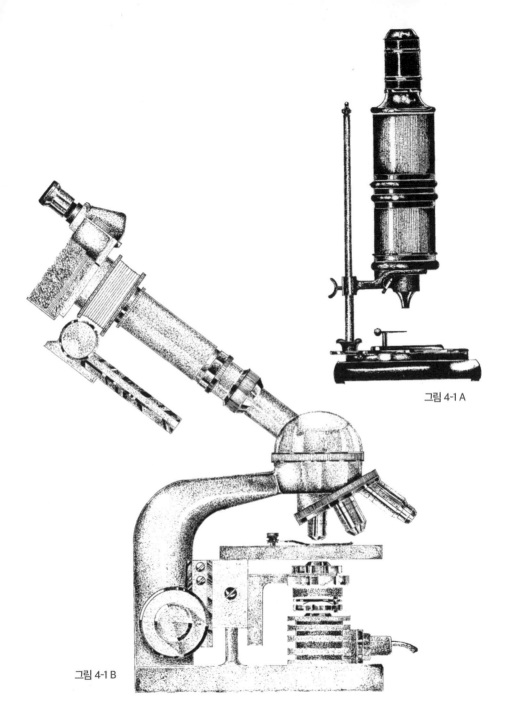

그림 4-1 A

그림 4-1 B

선호한다. 이 두 망치가 다 닳거나 부서지면 목수는 자신이 선호하는 망치와 같은 형태의 망치 하나만을 다시 구한다. 사람들이 이 목수처럼 선택한다면 철물점은 사람들이 선호하는 종류의 망치만을 계속 주문할 것이다. 이 과정이 반복되면 망치 제조업체는 그것을 제외한 다른 종류의 망치는 생산을 줄이거나 중단할 것이다. 적응 과정이 시스템 전체에서 진행되는 것이다. 두 종류의 망치는 지나치게 특화되고 사용 패턴의 변화를 견디지 못해 점점 사라지고 있다. 특화는 방해 요소가 아니지만, 특화의 장점은 수요가 있을 때만 유지된다. 고도로 특화된 것들은 다른 것들과 경쟁하지 않고 틈새에서 안정적으로 살아남는다. 하지만 앞에서 언급한 중간 크기의 두 망치처럼 특화되지 않은 것들은 다른 것들과 경쟁해야 한다. 중간 크기의 망치 둘 중 하나가 사라진 것은 형태가 별로 유용하지 않았기 때문이다. 형태가 유용하지 않다는 것은 목수가 이 망치를 사용하기 위해 더 많은 노력과 에너지를 들여야 한다는 뜻이다. 시장에서 특정 형태의 망치가 잘 팔리게 되는 것은 설계하고 만든 사람들이 그 망치가 기존 망치들보다 더 우월하다고 생각하기 때문이다. 그것은 형태 측면의 우월성이 아니라 경제성, 포장, 광고, 판매 측면의 우월성이다. 시장에서 일어나는 적자생존 현상이다. 적절하지 않은 것들은 사라지거나 경쟁에 유리하도록 수정된다. '변화를 통한 계승descent with modification'이 일어나는 것이다(찰스 다윈은 진화 evolution라는 단어를 쓰기 전에 같은 뜻으로 이 용어를 썼다).

우리는 우리가 사는 환경에 존재하는 자연적인 물체들과 인공적인 물체들이 확실하게 제 기능을 수행하고 있다고 생각하는 경향이 있다. 하지만 물체가 기능을 수행하는 과정 자체가 물체가 적응하는 과정이다. 따라서 적응 과정에서는 최적의 상태가 나타날 수 없다. 목수가 사용하는 모든 망치에는 장점도 있지만, 비효율적으로 쓰이게 하거나 아예 쓸 수 없게 하는 단점도 있다.

손을 써서 매우 능숙하게 작업하는 전문가들은 정교하게 조정된 형태의 도구를 이용한다. 예술가들은 가장 좋아하는 붓이나 팔레트가 있고, 기계공들은 특정한 형태의 렌치를 선호하며, 석공들은 특별한 형태의 삽을 사용하고, 재단사들은 가장 선호하는 가위로 작업하고, 외과 의사들은 수술할 때 수술 부위에 가장 적합한 형태의 도구를 선택해 사용한다. 하지만 좋은 도구와 평범한 도구의 차이는 미미할 수 있으며, 그것은 실제적인 차이가 아니라 도구를 다루는 사람의 생각 속에서의 차이일 수도 있다.

R. A. 샐즈먼R. A. Salsman은 사람들의 머릿속에 존재하는 도구들의 미세한 차이에 대해 19세기 초 유럽의 사례들을 인용해 다음과 같이 설명했다. "서로 다른 분야의 장인들은 같은 작업을 할 때도 자신이 속한 분야에 따라 서로 다른 도구를 사용한다. 또 행운이었을지 불행이었을지는 모르겠지만, 도구를 만드는 사람들도 사는 분야에 따라 이상할 정도로 서로 다른 도구를 만든다. 예를 들어, 벨기에 리에주 지역의 통 제작자들이 사용하는 도끼는 영국의 마차 제작자들이 사용하는 도끼와 모양이 똑같다. 리에주 지역의 통 제작자들이 사용하는 도끼는 유럽 대부분의 통 제작자가 쓰지만, 영국의 마차 제작자나 수레 제작자는 바큇살이나 쐐기를 다듬을 때 통 제작자들이 쓰는 도구를 전혀 쓰지 않는다."

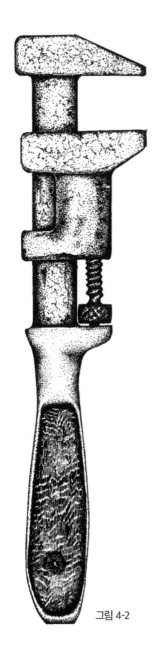

손으로 작업하는 장인들은 19세기 후반과 20세기 초반에 높은 수준의 완성도를 성취했다. 샐즈먼은 이렇게 썼다. "마을의 장인들은 뛰어난 기술과 재능으로 훌륭하게 물건을 만들어냈고, 그 기술을 후대에 전수함으로써 매우 높은 수준의 제작 기술과 설계 기술이 유지되게 했다. 당시에는 엉성하게 만들어진 수레나 쟁기, 써레, 안장, 마구가 거의 없었다."[23]

이 정도 수준으로 제작하려면 장인들이 일에 몰두할 수밖에 없었고, 도구가 매우 중요해질 수밖에 없었다. 장인들은 도구의 기능과 형태에 관해 확실한 생각을 가지고 있었기 때문에 생각할 수 있는 모든 기능을 구현하는 다양한 종류의 도

그림 4-2

아주 오랫동안 시장에서는 이 형태의 멍키스패너만 팔렸다. 기능이 더 많고, 더 다양한 각도에서 사용될 수 있고, 손에 잡기가 더 쉬운 새로운 형태의 멍키스패너(그림 4-4)가 개발됨에 따라 이 오래된 형태의 멍키스패너는 수요가 줄어들어 생산이 중단되었고, 지금은 사용되지 않는다. 이 멍키스패너가 새로운 형태의 멍키스패너와 경쟁할 수 있도록 개선되었다면 지금도 사용되고 있을지 모른다. 이 멍키스패너를 과거의 도구로 만든 것은 사람들의 선택에 의한 개선 과정이었다.

그림 4-2

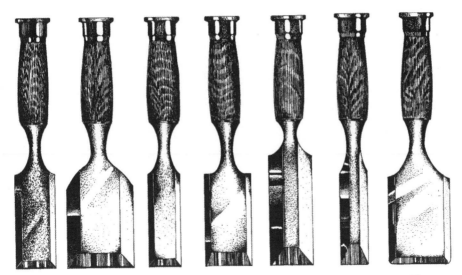

그림 4-3

그림 4-3

19세기 후반의 숙련된 장인들은 자기들이 사용하는 도구가 완벽해야 한다고 생각했다. 도구는 뛰어난 기술자가 좋은 소재로 만들어야 한다고 생각했던 이들은 도구 선택에 엄청나게 까다로웠다. 이 그림의 일곱 가지 끌은 당시의 가구 장인들이 사용한 평평한 끌 중 일부다. 당시의 장인들은 끌 외에도 다양한 둥근 끌과 대패, 망치, 나사송곳 같은 도구를 사용했으며, 우리가 모르는 다양한 도구도 많이 사용했다.

구를 사용했다. 샐즈먼에 따르면, "윌리엄 헌트 앤드 선William Hunt and Son(영국의 석공 도구 제조 업체─옮긴이)의 1905년 카탈로그에는 울타리 설치를 위한 낫, 잡초 제거를 위한 낫, 장작을 쪼개는 데 사용하는 낫 등 모양이 서로 다른 42가지의 낫이 그림과 함께 설명되어 있다. 벨냅Belknap(미국의 공구 제조 기업─옮긴이)의 우편 주문 카탈로그에는 40여 종의 벌목용 도끼가 각 종류당 여섯 가지 이상의 크기로 다시 세분되어 있었고, 요크의 한 대패 제조 업체의 1850년 카탈로그에는 29가지의 가구 세공용 대패가 각 종류당 다섯 가지 이상의 크기로 다시 세분되어 있었으며, 1900년경 영국의 유명한 철물점 카탈로그에는 24종의 끌이 각 종류당 다양한 모양과 크기로 다시 세분되어 있었다."

비슷한 도구의 크기와 모양, 제작법이 이렇게 엄청나게 다양했다는 사실보다 더 흥미로운 것은 수요가 이렇게 세밀하게 구분된 이유다. 두 가지 이유가 있었을 것이다. 앞에서 언급했듯이, 장인들은 자기가 하는 일과 그 일의 결과물을 엄청나게 중시했기 때문에 약간의 변화에도 민감했다. 따라서 장인들은 자기가 생각하기에 가장 좋은 형태를 만들 수 있는 도구로 제품에 미세한 변화를 주려고 했을 것이다.

두 번째 이유는 전통이 기능과 형태의 일치를 방해하는 요소가 되었다는 사실에 있다. 산업화가 진행되면서 지역사회 대장장이들의 역할이 대규모 공장으로 넘어갔고, 공장은 밀려난 대장장이들로부터 지역사회에서 사용해 온 전통적인 도구들의 제작 방법을 흡수해야 했다. 지역사회의 대장장이들은 그곳에서 전통적으로 사용해 온 특정한 형태의 제품들의 수요에 따라 작업을 해온 사람들이었다. 비슷한 기능을 가진 제품의 형태가 불과 몇 킬로미터 거리의 옆 마을에서 사용하는 형태와 다른 경우도 있었다.

형태를 개선하고자 하는 욕구가 강했던 장인들이 전통에 순응하면서 더 나은 형태의 발달을 저지하는 역할을 한 것은 매우 특이한 현상이다. 이런 모순적인 상황은 '가장 좋은' 형태에 대한 개념이 때로는 매우 자의적이었다는 것을 시사한다. 아마 장인들 개개인은 자기가 우수한 도구를 사용하고 있다고 생각하면서 만족하고 있었고, 도구 제작자들은 불평하면서도 장인들 개개인의 요구를 존중했을 것이다.

지금까지 이야기한 것은 하나의 특정한 기능을 만족시키는 형태가 다양하다는 것을 보여주는 예로 생각할 수도 있다. 오늘날 우리는 그 반대 방향의 현상, 즉 하나의 특정한 형태가 다양한 기능을 만족시키는 현상을 보고 있다. 현재 일반인들에게는 다양한 용도로 쓰이는 도구가 선호된다. 경제성이 높고, 공간을 절약할 수 있으며, 휴대하기가 편하기 때문이다. 이런 다용도 도구는 주로 비전문가들이 잠깐씩 작업할 때 사용한다. 가구 조립용 도구, 목공 도구, 캠핑 도구, 사무용 도구는 모두 여러 용도에 쓰일 수 있다는 점을 강조해 광고된다. 전문가가 아니라도 할 수 있는 비교적 쉬운 작업이라면 도구 하나가 다양한 종류의 도구가 하는 역할을 충분히 할 수 있다. 예를 들어, 전문성이 필요 없는 작업이라면 멍키스패너 하나로도 충분히 해낼 수 있다. 멍키스패너의 형태를 약간만 조절해도 여러 자루의 멍키스패너가 필요한 일을 할 수 있다는 뜻이다.[24]

치즈 커터나 달걀 절단기는 한 가지 작업에는 매우 특화된 도구이지만, 그 작업 외에는 거의 쓸모가 없다. 고도로 특화된 도구는 일반적으로 형태가 복잡하다.

일반화하자면, 형태가 단순할수록 수행할 수 있는 일반적인 기능의 수가 많다고 할 수 있다. 주방 서랍에는 대개 치즈 커터가 들어 있다. 치즈 커터는 손잡이, 롤러, 커팅 줄로 구성된다. 스푼보다 복잡한 도구인데, 치즈를 자르기 위해 만들어졌다. 치즈 커터는 치즈를 잘 자를 수 있지만, 그 기능은 그것밖에 없다. 그러나 치즈 커터보다 간단한 형태인 스푼은 두드리

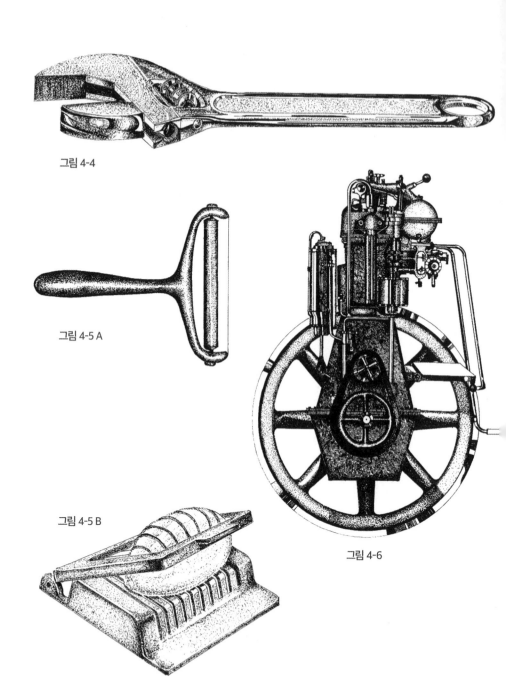

그림 4-4

그림 4-5 A

그림 4-5 B

그림 4-6

그림 4-4

장인 경제가 절정에 이른 시절에는 손으로 사용하는 도구들이 고도로 특화되었지만, 현재의 추세는 그 반대 방향, 즉 하나의 도구가 다양한 기능을 수행하는 방향으로 가고 있다. 예를 들어, 형태 조절이 가능한 멍키스패너 한 자루만 있으면 고정 스패너 여러 자루가 필요한 일을 할 수 있다. 그러나 다용도 도구는 특화성이 떨어진다. 일반적으로, 특화되지 않은 도구는 기능도 떨어진다.

그림 4-5 A, B

치즈 커터나 달걀 절단기는 한 가지 작업에는 매우 특화된 도구이지만, 그 작업 외에는 거의 쓸모가 없다. 고도로 특화된 도구는 일반적으로 형태가 복잡하다.

그림 4-6

영국 런던 외곽의 양수장에 있는 이 오래된 디젤엔진은 거의 80년 동안 계속 사용되고 있다. 매우 훌륭하게 기능을 수행하지만, 오직 하나의 기능, 즉 회전운동을 제공하는 기능밖에는 수행하지 못한다. 이 엔진은 형태가 매우 복잡하고, 기능은 고도로 특화된 도구다.

거나, 젓거나, 입에 떠넣거나, 물체의 크기를 재거나, 마른 물체나 젖은 물체를 다루거나, 물체를 퍼 올리는 것과 같은 다양한 용도로 쓸 수 있다. 스푼보다 더 간단한 형태인 평평하고 큰 테이블 나이프는 용도가 훨씬 더 다양하다. 테이블 나이프는 자르거나, 썰거나, 잼 같은 것을 바르거나, 깡통을 따거나, 치즈 같은 것들을 조각내는 데 쓸 수도 있고, 나사를 돌리는 데도 쓸 수 있다. 테이블 나이프로 이런 일을 하면 특정한 작업에 특화된 도구를 사용할 때만큼 잘되지는 않겠지만, 그 정도는 감수할 수 있다.

디자인 이론가 데이비드 파이David Pye는 이 개념에 대해 이렇게 말했다. "단면 지름이 4분의 1인치이고 길이가 4인치인 원통형 강철 막대로 할 수 있는 일은 어떤 것이 있을까? 이 형태는 어떤 기능을 좇을까? 어떤 기능을 좇아야 할까? 이 막대는 엄청나게 다양한 용도로 사용할 수 있을 것이다. 그러나 이 막대를 어떤 용도로 사용하더라도 이 막대가 아닌 다른 어떤 것을 사용해 이 막대가 수행하는 역할과 거의 비슷한 역할을 하게 만들 수 있을 것이다."[25]

10센티미터 길이의 강철 막대는 하나의 형태가 많은 기능을 수행할 수 있다는 것을 보여주는 예다. 그 반대 방향, 즉 다양한 형태에 의해 생성된

그림 4-7 A, B, C

형태가 복잡하지 않은 이 스푼(그림 4-7 A)은 원래 용도 외에도 다양한 용도로 쓸 수 있다. 스푼보다 더 간단한 형태인 속이 빈 반구(그림 4-7 B)보다 훨씬 다양한 기능을 수행할 수 있다. 판자와 각재로 구성된 간단한 목공용 받침대(그림 4-7 C)는 작업의 종류에 맞춰 크기와 기능을 더 특정하게 변화시킬 수 있다.

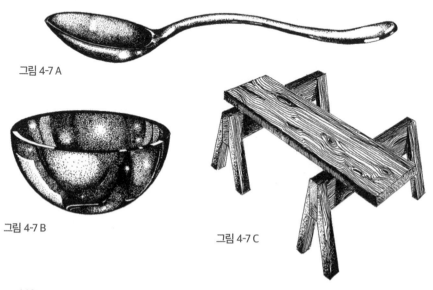

그림 4-7 A

그림 4-7 B

그림 4-7 C

하나의 기능이 다양한 목적을 갖는 것도 찾아볼 수 있다. 유연한 벨트를 통해 축에 움직임을 전달하는 기능에 대해 생각해 보자. 벨트의 직선운동은 축의 회전을 일으킨다. 이미 구석기시대부터 사람들은 활비비bow drill를 이용해 회전운동을 일으켰다. 활비비는 활같이 굽은 나무 양 끝에 줄을 매고, 그 줄에 뾰족하고 긴 막대를 걸어 구멍을 뚫거나 불을 피우는 도구다. 활처럼 굽은 나무를 앞뒤로 움직이면 줄에 매인 긴 막대가 회전한다. 처음에 활비비는 주로 구멍을 뚫는 데 사용되었지만, 시간이 지나면서 회전마찰력을 이용해 불을 피우는 데 사용되기 시작했다. 이 활비비의 진화 형태 중 하나가 선반lathe이다. 활 부분이 이번에는 선반의 두 수평 지점 사이에 있는 물체를 회전시킨다.

이 두 형태에서 회전운동은 부분적이거나 불연속적이었다. 활 부분이 한 방향으로 움직이면 줄에 매인 물체는 회전하고, 활 부분이 반대 방향으로 움직이면 물체는 멈췄다가 반대 방향으로 회전했다. 그 후 활 부분이 사라지고 줄이 사람의 손, 동물, 바람, 물 등에 의해 힘을 받는 끈 또는 벨트로 대체되면서 회전이 일정해졌다. 이 형태의 메커니즘에는 두 가지 기능이 있다. 한 위치에서 다른 위치로 회전운동을 전달하는 기능과 속도 또는 힘의 크기를 크거나 작게 조절하는 기능이다. 이 메커니즘은 현재 산업의 표준으로 자리 잡아 우리가 이용하고 있다.[26]

동물과 식물 중에는 오랜 시간에 걸쳐 주변 환경이 끊임없이 변화했을 때도 전혀 변화하지 않고 원래 형태를 유지하는 것들이 있다. 이렇게 오랫동안 형태를 유지하면서 잘 버티고 있는 종은 처음부터 매우 성공적인 종

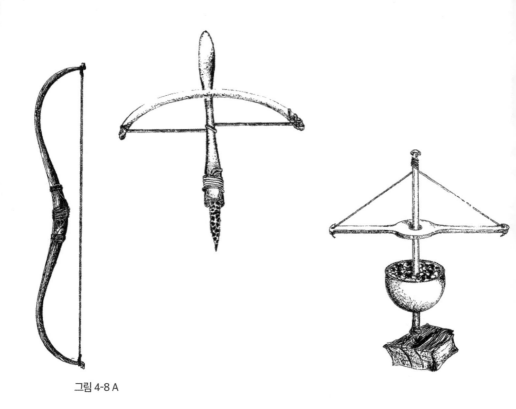

그림 4-8 A

그림 4-8 A, B

형태와 기능은 근본적으로 변화할 수 있지만, 기능을 가능하게 하는 과정은 본질적으로 동일하게 유지될 수 있다. 이 그림은 다양한 형태와 기능을 통한 특정 과정의 진화를 다섯 단계로 나타낸 것이다. 이 과정에서 유연한 벨트의 움직임으로 회전운동이 발생한다. 활비비는 사냥꾼의 활로 처음 만들어졌을 것이다. 어느 날 사람들은 느슨한 시위(줄)를 막대에 감은 다음 활을 앞뒤로 움직이면 막대가 회전한다는 것을 알게 됐을 것이다. 그 이전에는 두 손바닥 사이에서 막대를 비비면서 돌렸을 것이다. 활비비는 구멍을 뚫거나 불을 피우는 데 사용되었으며, 세계의 일부 지역에서는 지금도 사용되고 있다. 그러다 이 과정은 세 번째 그림에서 볼 수 있듯이, 좀 더 정교한 과정으로 변화했다. 펌프 드릴의 가로 막대를 두 손으로 잡고 밑으로 내리면 세로 막대에 감긴 끈이 풀리면서 세로 막대

그림 4-8 B

가 회전하고, 이때 생긴 끈의 탄성을 이용해 가로 막대를 다시 위로 올리면 끈이 다시 감기면서 세로 막대가 반대 방향으로 회전한다. 자갈이 채워진 반구 형태의 박은 플라이휠 flywheel(회전하는 물체의 회전 속도를 고르게 하기 위하여 회전축에 달아놓은 바퀴—옮긴이) 역할을 한다. 이 과정은 나중에 약간 바뀌었는데, 그 약간의 변화로 엄청난 효과가 발생했다. 활비비와 펌프 드릴은 불연속적인 회전운동을 일으킨다. 즉, 이 도구들에서는 세로 막대(축)가 한 방향으로 회전하다가 멈추고 다시 반대 방향으로 회전한다. 유연한 벨트를 루프(둥근 테)에 그림처럼 감으면 회전은 한 방향으로 연속적으로 이루어진다. 연속적인 회전운동의 가장 큰 목적은 한 위치에서 다른 위치로 움직임을 전달하면서 속도와 힘을 늘리거나 줄이는 것이다. 이 과정은 현재의 기술에서 중요한 부분을 차지하고 있다.

이었으며, 기능과 경쟁력을 유지하기 위해 자신을 개선할 필요가 거의 없다. 인간이 만든 것 중에서도 매우 오랫동안 잘 버티고 있는 것들이 있다. 모든 성공적인 형태의 공통 요소는 경제성이다. 자연이 만든 형태든 사람이 만든 형태든, 오랫동안 유지되는 형태는 모두 경제성을 표현하는 형태다. 경제적인 형태는 최소의 노력과 에너지를 들이고 최소의 재료를 써서 최대를 얻는 형태, 작업의 결과를 최대화하는 형태다. 그렇다면 경제성은 매우 핵심적인 요소라고 할 수 있다. 하지만 이런 개념을 받아들일 때, 필요한 경우에만 경제성을 고려해야 한다는 생각은 하지 말아야 한다. 즉, 어떤 것이 부족할 때, 더 나은 것을 이용할 수 없을 때만 경제적인 설계를 해야 한다는 생각은 잘못된 생각이다. 경제성은 효율성을 뜻한다. 효율적인 설계는 최대한 용도에 정교하게 맞춰져야 한다. 효율적인 설계는 모든 요소가 설계자의 의도를 최대한 충족하는 것이다.

보라인 매듭bowline knot(고리 매듭)은 이러한 설계의 예다. 이 매듭은 밧줄을 다른 밧줄에 연결하거나 고리를 끈의 끝부분에 연결할 때 숙련된 선원들이 사용한다. 보라인 매듭은 한 번 묶으면 잘 풀리지 않으면서도, 아무리 꽉 묶었어도 필요할 때는 손으로 쉽게 풀린다. 숙련된 선원들은 보라인 매듭의 이런 안정성을 잘 알고 있다. 보라인 매듭만큼 오랫동안 유지되고 있는 형태는 재봉 바늘이다. 재봉 바늘은 가장 오랫동안 형태가 바뀌지 않고 사용되는 도구일 것이다.

재봉 바늘은 수천 년 동안 처음 형태 그대로 사용되다가 우리 시대에 이르러 처음 개선되었다. 재봉 바늘의 귀 옆쪽에 사선 방향의 긴 틈을 파

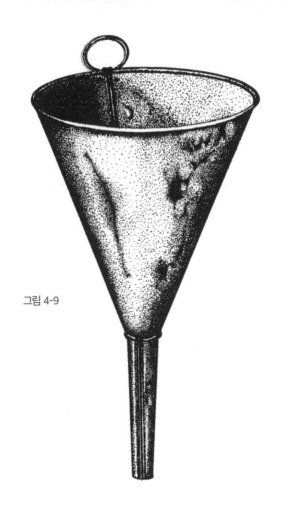

그림 4-9

그림 4-9

아주 오래 지속되면서 매우 아름다운 몇몇 형태는 처음 그대로 변하지 않고 우리와 함께 했다. 이런 우아한 형태들은 가장 단순하고 직접적인 방식으로 필요에 응답해 왔으며, 대부분 소재 면에서 경제성이 매우 높다. 소재가 판금이든 플라스틱이든 유리든, 깔때기 형태는 원뿔 형태이기 때문에 재료의 강도를 높인다. 깔때기 형태는 판금을 구부려 쉽게 만들 수 있으며, 큰 구멍에서 작은 구멍으로 액체가 소용돌이치면서 내려가게 만들어 액체의 통과 속도를 높인다. 또 깔때기 형태는 시각적으로 명료하다. 깔때기의 형태 자체가 깔때기의 용도를 그대로 드러내기 때문이다.

서 실이 바늘귀에 쉽게 들어갈 수 있게 만든 것이었다. 자전거는 형태, 기능, 필요가 고도의 조화를 이루도록 진화했는데, 다른 교통수단에 비해 효율성이 월등히 높다. 오랜 진화 과정을 거친 범선은 처음에는 바람을 뒤에서 받아야만 움직일 수 있는 어색한 배였지만, 시간이 흐르면서 때로는 바람보다 더 빠르게 움직일 수 있는 경주용 요트로 진화했다.

이런 우아한 형태들은 우리가 현재 살고 있는 사회에서 만들어졌거나, 다른 사회에서 건너왔거나, 다른 시대에서 전해진 것들이다. 그중에는 처음에 그 형태가 만들어진 문화권에서 계속 사용되고 있는 형태들도 있고, 다른 문화권으로 전파되는 형태들도 있다. 그 대부분은 산을 오르는 데 필요한 도구나 에스키모들이 뼈로 만든 도구처럼 단순하지만, 우산이나

그림 4-10
보라인 매듭은 우아한 설계를 보여주는 예다. 한번 묶이면 거의 풀리지 않지만, 이 정도의 능력이 있는 매듭은 보라인 매듭 외에도 많다. 하지만 다른 매듭은 일단 단단하게 묶고 나면 손으로 풀기가 매우 어렵다. 이에 비해 보라인 매듭은 필요할 때 손으로 쉽게 풀수 있으며, 묶는 방법도 매우 간단하다. 또 보라인 매듭은 다른 매듭에는 없는 특성이 있다. 이 매듭은 힘을 가할수록 약해지지 않고 오히려 더 강해진다.

그림 4-10

카약처럼 튼튼하고 가벼운 것들도 있고 범선·손수레·글라이더처럼 효율성이 매우 높은 것들도 있다. 하지만 이런 우아한 형태들은 모두 기능이 분명하고, 최소에서 최대를 만들어내는 직접적이고 정직한 형태들이다.[27]

기능은 다양한 측면에서 생각할 수 있다. 어떤 일을 하는지, 어떻게 작동하는지, 어떻게 바뀌는지, 시간과 변화가 기능에 어떤 영향을 미치는지 생각해 볼 수 있다. 가장 단순하게 생각하면, 기능은 변화라고 생각할 수 있다. 기능은 입력되는 것이 출력되는 것과 달라지게 하기 때문이다. 장작 난로의 기능은 열을 발생시키는 것이다. 이때 입력은 나무, 불, 산소이고 출력은 열, 재, 이산화탄소다. 게의 집게발에서는 잠재적인 먹이가 입력이라면, 출력은 게의 입으로 들어갈 수 있는 형태의 먹이다.

교차 기능주의cross-functionalism와 전환 기능주의trans-functionalism도 생각해 볼 만하다. 뿔이 무성한 엘크는 적과의 싸움에 적합한 기능 형태다. 넓게 퍼진 튼튼한 뿔은 엘크보다 작은 동물들을 압도하거나 배고픈 늑대를 물리치는 데 적합하기 때문이다. 하지만 울창한 숲에서 속도를 내야 할 때 무성하고 넓게 퍼진 뿔은 엘크에게 재앙을 초래할 수 있다. 교차 기능주의란 바로 이런 것이다. 엘크는 이 교차 기능 때문에 어려움을 겪는다. 엘크의 뿔은 적과 대면하는 상황에서는 도움이 되지만 다른 어떤 상황에서는 행동을 제약하기 때문이다.

그림 4-11 A, B

형태와 기능은 입력과 출력 측면에서
도 생각할 수 있다. 기능은 물체의 상태
를 변화시키고, 형태는 그 변화를 통제
하기 때문이다. 가위는 종이나 천처럼
연속적인 상태에 있는 하나의 물체를
2개 이상의 물체로 변환시킨다. 즉, 가
위는 분리를 일으킨다. 계량컵은 그 반
대다. 계량컵은 통합을 일으킨다. 계량
컵은 그 안에 담겨 있지 않았던 액체를
담음으로써 그 액체의 부피를 측정할
수 있는 상태로 변환시키기 때문이다.

그림 4-11 B

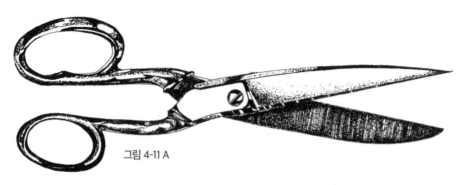

그림 4-11 A

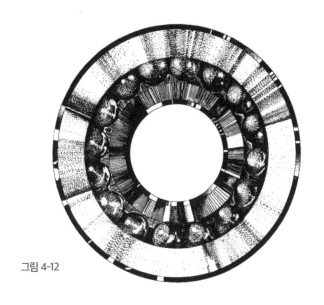

그림 4-12

그림 4-12
롤러 베어링은 두 힘, 즉 회전하는 축의 힘과 정지해 있는 표면의 힘을 조절하는 전환 기능 형태다.

교차 기능은 어떤 목적의 성취에는 유리하지만, 다른 목적의 성취에는 불리할 수 있다. 숲에서 가장 높은 나무는 비를 가장 많이 맞는 혜택을 누릴 수 있고 씨를 바람에 실어 가장 멀리 퍼뜨릴 수 있지만, 벼락에 맞을 확률이 가장 높고 우박이 섞인 폭풍이나 돌풍을 맞으면 제일 먼저 쓰러진다.

전환 기능주의는 교차 기능주의와는 거의 정반대의 결과를 낳는다. 전환 기능은 그것이 없다면 충돌할 2개 이상의 행동 시스템을 통합하는 역할을 한다. 신호등은 다양한 차선을 넘나들며 서로 교차하는 자동차들의 움직임을 시각 신호로 부드럽게 조절하는 전환 기능을 한다. 세포막, 산호초, 맹그로브 군락 같은 인터페이스 시스템은 서로 반대 방향으로 작용하는 두 힘을 통합하는 전환 기능을 수행한다.

시간을 고려하지 않고는 기능이 변화한다는 생각을 할 수 없다. 변화와 시간은 거의 같은 뜻이기 때문이다. 시간과 변화 측면에서 기능에 대해 고려하지 않는다면, 물체의 기능에 대한 생각은 무의미하다. 데이비드 봄 David Bohm은 《이론생물학Towards a Theoretical Biology》에서 사물의 상태가 유사 평형Quasi-equilibrium 과정, 동적Dynamic 과정, 창조적Creative 과정의 세 단계로 구성된다고 주장했다. 봄은 "일반적으로 우리는 처음에 사물이 평형에 가까운 상태(유사 평형 상태)에 있다고 생각한다. 이 상태에서는 사물이 가진 비교적 정적이고 연속적인 어떤 특징들을 우리가 인식할 수 있다. 우리는 이런 특징들에 이름을 붙인다." 예를 들어, 우리는 나무에서 갓 따 테이블에 올려놓은 완전히 익은 과일을 상상하면서 그 과일을 사과라고 부른다. "그럼으로써 우리는 이렇게 이름을 붙인 물체들을 안정적인 물체 또는 실체로 여기게 된다." 먹지 않고 선반 위에 올려놓아 이 사과가 쭈그러들면서 형태를 거의 알아볼 수 없는 시커먼 곰팡이 덩어리가 되었다고 상상해 보자. "이때 우리는 사과의 상대적인 안정성에 관해 특정한 기본적 실체들의 동적인 상호작용 과정 측면에서 설명하려고 한다." 우리는 우리가 이 사과를 먹지 않고 방치했기 때문에 사과를 구성하는 분자들이 다른 소모 과정들에 굴복했다는 것을 쉽게 알 수 있다. "그 후에는 창조적 과정이 시작된다. 이 과정에서는 기본적인 물체나 실체 또는 물질이 개입되지 않는다. 이 과정에서는 관찰되는 모든 것은 특정한 순서에 따라 존재하게 되며, 특정한 시간 동안 상대적으로 안정적인 상태를 유지하다가 사라진다."[28]

사과는 매우 짧은 시간 동안 "사과의 기능은 무엇인가?"라는 질문을 받다가 곧 완전히 새로운 형태, 그리고 결국에는 완전히 새로운 물질로 변하는 찰나적인 존재일 뿐이다.

변화가 우리 존재의 유일한 영구적 특징이라는 생각은 지나치게 단순한 생각이다. 변화의 순서 자체가 계속 변화하고 있고, 변화의 순서 자체가 변

그림 4-13
기능과 형태는 시간을 고려하지 않고는 생각할 수 없다. 시간은 형태에 영향을 미치고, 형태는 그 형태의 기능에 영향을 미치기 때문이다. 이 그림의 쪼그라든 귤은 나무에서 갓 따서 가져왔을 때와 확실히 다른 기능을 가지고 있을 것이다.

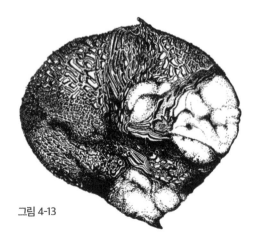

그림 4-13

화함에 따라 변화의 출발점도 달라져 완전히 새로운 특징을 가진 변화가 발생하게 되기 때문이다. 다시 말해, 변화는 그 자체가 변화한다. 이 모든 과정은 너무나 광범위하게 진행되기 때문에 우리가 이해하지 못할 수도 있다. 16시간에 불과한 특정한 곤충의 수명에 비하면, 나팔꽃의 수명은 엄청나게 길다. 인간에게 세쿼이아는 수명이 엄청나게 길고 안정적으로 느껴진다. 그러나 지질학적 관점에서 보면 산, 행성, 태양계도 찰나적으로 존재할 뿐이다. 사과처럼 우리 인간도 시간과 변화를 통해 빠르게 움직이고 있으며, 우리는 짧게 존재하는 사과를 비교적 안정적인 존재로 이해한다.

5

세대와 과거의 영향

도구를 만들기 이전의 인간들이 숲으로부터 사방이 트인 넓은 곳으로 나오게 되자, 그들의 몸과 뇌는 달라진 환경에 반응하기 시작했다. 이런 넓은 들판에서 인간은 두 다리만을 이용해 이동하기 시작했다. 인간의 두 발은 걷기에 적합하도록 적응했고, 한가롭게 몸에 매달려 있는 두 손은 자유롭게 사물을 집거나, 옮기거나, 만지작거리는 데 사용되었다. 하지만 들판에서의 삶은 위험했고, 인간이 한가롭게 손으로 만지던 돌들이 결국 용도를 찾기 시작했다. 인간은 빠르게 날 수도 없고, 공격력이 뛰어나지도 않았기 때문에 돌이 방어와 공격을 위한 무기로 기능하기 시작한 것이었다. 인간은 처음에는 들판에 널려 있는 돌, 나뭇가지, 뼈를 발견했을 때의 형태 그대로 사용했지만, 시간이 지나면서 이 물체들은 우연히 개선되었고, 결국은 의도적으로 개선되기에 이르렀다.[29]

'발견'은 우연에 따른 변화가 발생하면서 이루어지고, '발명'은 시간에 따른 변화가 발생하면서 이루어지며, 발명과 발견이 어떠한 영향을 미치게 되는지는 의도적으로 관찰할 수 있다. 이 세 과정은 정연한 순서에 따라 진행된다. 엄청나게 오랜 시간이 걸릴 수는 있지만, 우연에 의한 발견은 단순한 두뇌 활동으로도 가능하다. 하지만 발견의 가치를 인식하려면 지능이 필요하다. 지능 덕분에 결과를 평가하고, 쓸모없는 것을 버리고, 유용한 것을 계속 사용할 수 있었다. 이런 일들이 반복되면서 인간은 도구를 사용하기 시작했다.

끝이 날카로운 돌을 발견하고 물체를 자르기 위한 도구로 사용하는 것과 둥근 돌을 의도적으로 깨뜨려 끝을 날카롭게 만드는 것은 엄청난 차이가 있다. 처음에 사람들은 깨뜨린 돌 중에서 사용하기에 가장 좋은 형태의 돌을 골라내어 사용했을 것이고, 그러다 돌로 돌을 깨면 원하는 형태의 돌을 얻을 수 있다는 것을 알게 되었을 것이다. 그 후 이 과정은 의도적으로 이루어졌을 것이다. 이 과정을 '1차 변형Primary Mutation'이라고 부른다. 이런 발견이 이루어지고 나면 우연, 또는 기능을 개선하려는 의도에 의해 변화가 일어난다. 이 과정을 '자유 변형Free Mutation'이라고 부른다. 초기의 농부들은 구부러진 나뭇가지를 사용함으로써 땅 파는 막대기의 형태를 개선했다. 이들은 아마도 땅을 팔 때 우연히 구부러진 나뭇가지를 사용하게 되었고, 두 손으로 나뭇가지를 땅에 밀어 넣으면서 나뭇가지의 옆으로 구부러져 튀어나온 부분을 발로 눌러 땅을 더 쉽게 팔 수 있다는 것을 알게 되었을 것이다.

변화는 대체substitution에 의해서도 이루어진다. 대체는 개념을 그대로 유지하면서 소재를 바꾸는 것을 뜻한다. 뾰족한 돌이 끝에 달린 창이 나무 창으로 바뀌고, 재봉 바늘이 진화하고, 뼈가 황동에서 청동·철·강철로 바뀌는 것이 바로 대체다.[30]

아주 먼 옛날에는 도구의 발달과 개선이 대부분 1차 변형과 자유 변형

그림 5-1

1세대 인공물, 즉 인간이 최초로 만든 도구의 중요성은 아무리 강조해도 지나치지 않다. 끝이 날카롭고 뾰족한 돌을 발견하는 것과 사용하는 것은 엄청나게 다른 일이다. 돌을 사용하려면 계획적으로 돌을 날카롭게 쪼개야 하고, 의도적으로 도구로 만들어야 한다. 돌을 발견하는 일은 관찰과 선택적인 시각만 있으면 되지만, 돌을 사용하는 일은 선택적인 이성과 도구가 될 돌이 가진 속성에 관한 지식뿐 아니라 무엇보다도 손, 뇌, 눈 활동의 정교한 조절이 필요하다.

그림 5-2

도구 사용은 다음과 같은 순서로 진화했을 것이다. 사람들은 처음에는 뼈나 돌 같은 물체를 발견된 형태 그대로 사용하다가 시간이 흐르면서 의도를 가지고 원하는 형태로 깨어서 도구를 만들게 되었고, 결국에는 그렇게 만들어진 도구를 개선했을 것이다. 여기서 중요한 것은 마지막 단계다. 이 단계의 개선은 우연히 발견한 돌을 도구로 사용하다가 날카롭게 깨어서 도구로 사용하게 된 것처럼, 도구 자체에 기초해 개선이 이루어진 것이 아니라 대부분 도구를 더 잘 사용하기 위해 이루어졌기 때문이다. 도구에 손잡이를 달게 된 것이 대표적인 예다. 돌로 만든 도구는 끝부분이 날카롭기 때문에 손으로 잡기가 불편했고, 사람들은 동물의 가죽으로 돌의 끝부분을 감싸게 되었다. 그러다 결국 최초의 손잡이가 만들어졌다. 또 가죽이 나무로 대체되었는데, 이는 나무가 내구성이 더 강했기 때문이었을 것이다. 그러다 긴 나무로 손잡이를 만들면 돌을 더 빠르게 움직일 수 있고 돌의 타격력을 강화할 수 있다는 사실이 우연히 발견되었을 것이다. 긴 나무 손잡이가 달린 도끼는 이렇게 만들어졌다.

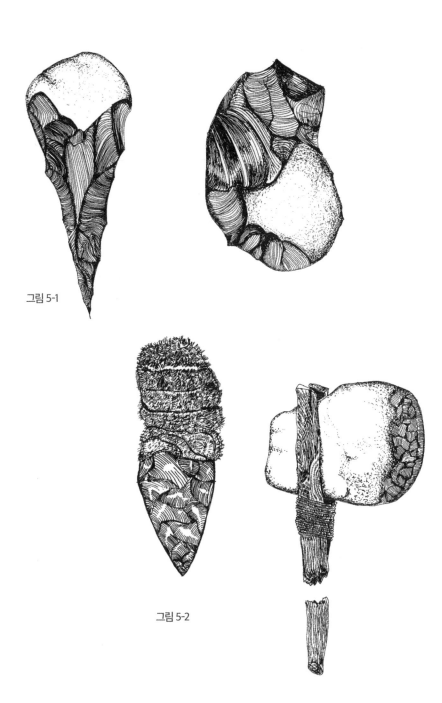

그림 5-1

그림 5-2

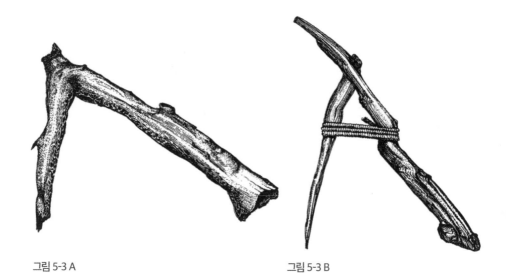

그림 5-3 A   그림 5-3 B

그림 5-3 A, B

필요의 발생과 그 필요를 완전히 충족할 도구의 제작 사이에는 2억 년에 이르는 시간 간격이 존재했을지 모른다. 하지만 도구의 개선 자체는 비교적 빠르게 이루어졌을 것이다. 개선의 형태는 교체되는 기존의 도구에 기초했을 수 있기 때문이다. 그림의 두 괭이질 도구를 비교해 보자. 오른쪽 도구는 나무의 일부분으로 형태를 모방해 만든 것이다. 이 개선된 도구는 나뭇가지와 비슷한 형태로 만들어졌지만, 도구가 두 부분으로 구성되어 있으며, 그 두 부분을 이루는 나뭇가지들은 왼쪽의 나뭇가지에 비해 가볍고 손으로 잡기가 더편했다.

그림 5-4

도구의 진화 과정에는 지식이 축적되었다 손실되면서 발생하는 낭비와 반복을 줄이는 발명과 발견 방법이 수없이 존재한다. 이 발명과 발견 방법의 하나가 바로 대체다. 대체는 형태와 개념을 여러 가지 소재에 바꿔 적용하는 것을 말한다. 구부러진 뼈는 일찍이 물체를 깎기 위한 칼로 처음 사용되었다. 뼈의 안쪽을 날카롭게 갈아 날로 사용했는데, 이 개념을 그대로 적용해 만들어진 칼은 오랜 시간이 흐르면서 소재가 청동, 연철, 강철로 바뀌었다.

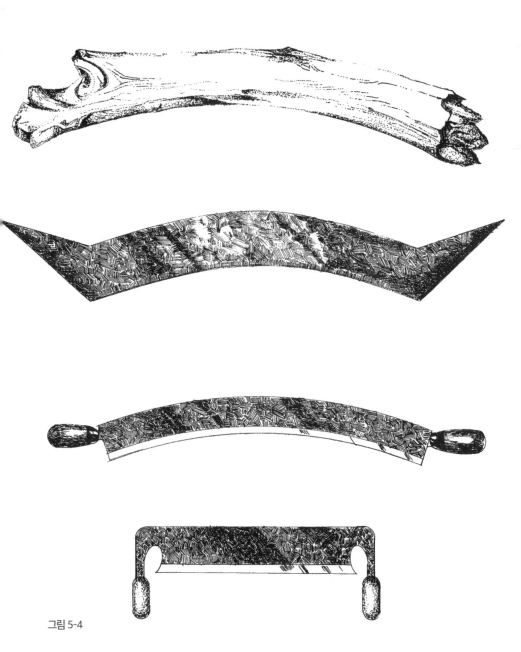

그림 5-4

으로 이루어졌다. 하지만 지식의 양이 점점 늘어나면서 기본적인 발견이 이루어지는 빈도가 줄어들었고, 현재는 '교차 변형Cross Mutation'이 변화를 일으키는 지배적인 힘의 위치를 차지하고 있다. 교차 변형은 하나의 인공물과 관련된 아이디어나 장치가 다른 인공물에서 재적응을 거쳐 다시 사용되는 것을 뜻한다. 발로 밟아 돌리던 도예가의 돌림판이 바퀴로 사용되고, 구멍을 뚫을 때 사용하던 활비비의 원리가 점화기에 사용된 것을 예로 들 수 있다.

하지만 돌이켜 보면 발명과 발견은 놀랍도록 더디게 이루어진다는 것을 알 수 있다. 아주 간단한 장치도 만들어지는 데 수백 년이 걸린 경우가 많다. 한 가지 이유는 즉각적인 해결의 필요성에 있었을 것이다. 일반적으로 발명은 매우 직접적인 필요 때문에 이루어진다. 필요가 발생하고, 발견이 이루어지고, 발명이 그 뒤를 따르고, 발명의 결과는 직접 사용된다. 초기의 도구와 무기는 대부분 이런 과정을 거쳐 만들어졌다. 발명품은 그것이 발명될 당시의 문제와 상황에 대응한다. 따라서 당장 필요가 없는 것들을 발명하려면 더 많은 통찰력과 계획이 필요하다. 바퀴와 바퀴 축이 발명되기 전에는 둥근 나무 몸통이 수천 년 동안 롤러 기능을 했다. 나무 몸통은 그대로 롤러로 사용할 수 있지만, 바퀴를 만들려면 절단 작업, 중심 조정 작업, 뚫는 작업이 이루어져야 한다. 또 2개의 바퀴를 축으로 연결하는 작업도 해야 한다. 이 모든 작업을 하려면 매우 광범위한 계획이 필요하다. 해결 방법이 직접적이지 않다는 뜻이다.

중요한 발명품이 모두 그렇듯이, 바퀴도 다양한 초기 인류 집단에 의해 수없이 발견되었지만 중요성을 인식하지 못했을 것이다. 사람들이 바퀴를 일정 기간 사용하다 시간이 지나면 그 존재를 망각하고, 수많은 세월이 흐른 뒤 다시 바퀴의 쓰임새를 발견했을지도 모른다. 그렇다면 추상적인 발

그림 5-5

교차 변형은 아이디어와 기술을 조합함으로써, 즉 발견 결과를 재적응시킴으로써 이루어진다. 지중해 국가들에서 사용되는 돛 풍차는 축을 중심으로 한 바퀴의 회전과 바람의 추력을 받는 배의 돛이 조합되어 만들어진 것이다.

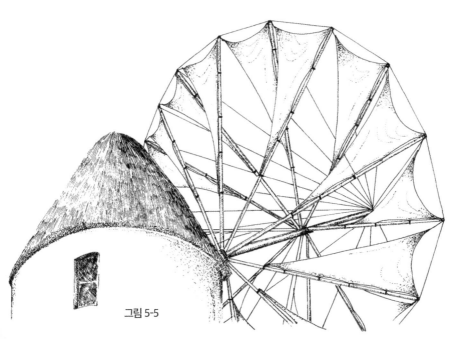

그림 5-5

명품이 어떻게 사용될지 상상하는 것은 가장 명민한 사람들만 할 수 있는 일이었을 것이다. 그동안 실제로 구현되지 못하고 망각된 중요한 발견들도 수없이 많을 것이다. 현재의 개인들, 기업들, 과학자들은 신기한 이론과 아이디어를 다루면서 극적인 가능성이 존재할 수 있지만 실제로 구현하기는 불가능하다고 생각하고 있을지도 모른다. 이런 이론과 아이디어는 실제로 현실에 적용되려면 몇십 년, 몇백 년을 기다려야 할지 모른다.

인간의 기술 발전은 때로는 놀라울뿐더러 다른 기본적인 방법들로는 설명할 수조차 없다. 예를 들어, 서양에서는 손으로 도구를 사용해 자르는 행동은 몸에서 멀어지는 방향으로 이루어진다. 서양에서는 톱을 바깥 방향으로 밀면서 사용하며, 대패·끌·칼도 어깨와 가슴에서 몸 바깥쪽으로 밀면서 사용한다. 반면, 동양에서는 그 반대 방향으로 도구를 사용한다. 동양에서는 도구를 몸 안쪽으로 당기면서 자르는 작업을 한다. 이런 차이가 발생하게 된 이유를 설명할 수 있는 것은 우연밖에는 없다.

이와는 정반대 상황도 흔하다. 아주 먼 옛날 서로 멀리 떨어져 있어 접촉이 없었던 세계의 다양한 지역에서 거의 동시에 비슷한 종류의 발견이 이루어졌다. 그 이유에 관하여 몇 가지를 추측해 볼 수 있다. 첫째, 자연에 대한 관찰이 상당히 영향을 미쳤을 것이다. 사람들은 둥지를 짓거나 구멍을 파는 동물, 물 위에서 떠다니는 곤충, 집게발이 구부러지는 게를 관찰했을 것이다. 이처럼 자연을 수없이 관찰하면서 인간은 통찰을 얻었을 것이다. 인간이 새와 곤충이 날아다니는 것, 박쥐가리 씨가 날아다니는 것, 단풍나무 열매가 바람에 날리는 것을 관찰하지 않았다면 비행기를 만들 수

그림 5-6 A

그림 5-6 B

그림 5-6 A, B

미국에서 사용하는 활톱(그림 5-6 A)은 서양에서 사용하는 모든 종류의 톱과 대부분의
도구처럼 몸에서 멀어지는 쪽을 향한 움직임으로 물체를 자르도록 만들어져 있다. 반면,
일본에서 사용하는 료바ryoba 톱(그림 5-6 B)은 몸 안쪽으로 당겨서 물체를 자르게 되어
있다. 이 두 가지 방식에는 각각 장단점이 있다. 동양과 서양에서 이렇게 전혀 다른 방향
으로 도구를 사용한다는 것은 매우 흥미로운 현상이다. 이런 차이가 발생해 지금까지 유
지되는 이유는 우연과 전통으로밖에는 설명할 수 없다.

있었을까? 물고기나 거북이를 관찰하지 않았다면 잠수함을 만들 수 있었
을까? 거미줄을 관찰하지 않았다면 현수교를 만들 수 있었을까? 물론 그
것들을 관찰하지 않았다고 하더라도 비행기·잠수함·현수교를 만들 수는
있었겠지만, 관찰했을 때보다 훨씬 더 오랜 시간이 걸렸을 것이다. 만약 자

연에 바퀴가 존재했다면 바퀴 달린 탈것은 인간 문명에 훨씬 더 일찍 등장했을 것이다.

인간의 몸 자체도 도구 사용과 크기, 형태에 강력한 영향을 미쳤을 것이 분명하다. 두들기거나, 쥐거나, 자르거나, 긁거나, 잡거나, 짓누르거나, 쪼개거나, 구부리거나, 합치거나, 날카롭게 하거나, 구멍을 뚫거나, 크기를 재거나 만드는 행동은 처음에는 불분명한 소리로 표현되다가 수천, 수만 년 동안 기술이 발달하면서 대륙마다 구체적인 이름과 단어로 표현되기 시작했을 것이다. 이런 행동들을 통해 인류는 자신이 사는 환경의 소재를 바꿔왔다. 또 이런 행동들은 흔들기, 비틀기, 밀기, 당기기, 쥐어짜기 같은 행동들과 같이 이루어졌다.

손은 불연속적인 회전운동을 할 수 있다. 팔뚝의 아랫부분은 요골과 척골로 구성되어 있다. 이 뼈들이 절구 모양 구조 안에서 서로 비틀린 위치로 움직일 수 있기 때문에 팔은 180도로 회전할 수 있다. 손으로 도구를 회전시키는 것만으로도 작은 구멍을 쉽게 뚫을 수 있다. 최초의 회전 도구는 이렇게 손을 회전시키는 운동에 기초하여 만들어졌을 것이다.

팔, 다리, 어깨, 등의 움직임에는 특정한 패턴이 있다. 물건을 만드는 일은 대부분 손과 팔로 한다. 손은 도구를 잡고, 도구의 방향을 설정하며 재료를 다룬다. 팔은 어깨와 함께 힘을 제공한다. 도구의 크기와 형태는 손의 크기와 모양, 팔의 길이와 힘, 다리의 힘, 눈의 초점 집중 능력에 따라 조절되었을 것이다. 손과 팔의 이런 움직임은 매우 명확하기 때문에 도구가 이런 손과 팔의 움직임에 부합하여 진화했을 것으로 보는 것은 매우 합리적인 생각으로 보인다.

서로 멀리 떨어져 있지만 기후와 식물 분포 상태가 비슷한 지역에서는 비슷한 인공물이 만들어질 가능성이 크다. 지질학적 환경과 지리적 환경이 비슷한 곳에 사는 사람들은 필요한 것이 비슷하기 때문에 비슷한 소재로 비슷한 도구를 만든다. 비슷한 시기에 비슷한 도구가 만들어진 이유는 비슷한 시기에 발생하는 필요에 부응해 비슷한 기술이 발달하기 때문이다.

최초의 인공물은 초기 인간들이 손으로 뭔가를 어설프게 만든 결과로 탄생했다. 최초의 도구들은 우연, 필요, 상황의 결합으로 만들어졌다고 할 수 있다. 형태와 방법이 확립된 다음 만들어진 모든 도구는 이 핵심적인 기술의 영향을 받아 만들어진 것이다. 초기 사회에서 장식 패턴, 집의 모양, 보습(따비, 쟁기 등 쇳조각으로 만든 삽 모양의 연장―옮긴이)의 모양, 식기의 모양, 글씨 장식 같은 것들은 그 이전 형태의 인공물과 비슷한 형태를 계속 유지하면서 진화했다. 이전 형태의 이 인공물들은 1차 변형이라는 장벽은 넘어섰지만 최초 형태로부터 받은 핵심적인 속성은 그대로 다음 형태들에 넘겨주었기 때문이다.

이전에 존재하지 않았던 것을 존재하게 하는 진정한 의미의 창조는 거의 일어나기 힘들다. 아예 불가능하다고 생각하는 사람들도 있다. 대부분의 창조는 통찰력의 산물이다. 창조는 새로운 맥락 안에서 평범한 것을 볼 수 있는 능력 또는 알려진 것들을 결합해 새로운 것 또는 새로워 보이는 것을 만들어내는 능력이다. 이 두 가지 방법은 모두 과거에 뿌리를 두고 있다. 과거는 발명을 가능하게 하기도 하지만, 발명의 결과에도 영향을 미치기 때문이다.

상황·필요·재료·환경·관찰·지능·시간은 1차 변형을 유발하지만, 최초의 발명이 처음 이루어진 뒤에 나오는 후속 발명은 항상 최초의 발명에 영향을 받을 수밖에 없다. 변화와 개선이 미치는 영향은 수세기 동안 이어지기 때문이다.

서로 고립되어 있던 초기 사회들은 각 사회 고유의 지식을 기반으로 구축되었고, 이렇게 고립된 사회에서 정보는 세대에서 세대로 선형적으로 전달되었다. 하지만 대륙과 땅덩이의 경계를 넘어 사회들 간 교류가 이루어

그림 5-7

세계의 여러 지역에서 동시에 나타난 발명들 때문에 기술적 지식이 축적된 것인지, 또는 사람들의 이동에 따른 확산 때문에 기술적 지식이 널리 퍼진 것인지는 확실하지 않다. 예를 들어 바람총blowgun(작은 침이나 가느다란 화살을 입으로 불어 발사시키는 무기. 대개 속이 빈 대롱 형태를 띤다 — 옮긴이)은 인도네시아, 말레이반도 등 동남아시아 지역에서 두루 발견되지만 남아메리카에서도 발견된다. 이 기다란 사냥 도구는 좀 복잡하다. 갈대나 큰 풀, 대나무 같은 재료로 2개 이상의 부분을 결합해서 만들기 때문이다. 동남아시아와 남아메리카의 바람총은 만드는 방법이 매우 비슷하다.

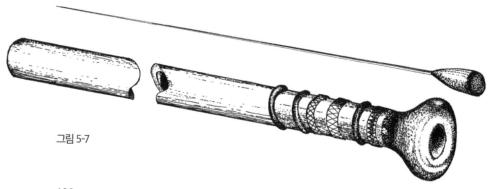

그림 5-7

지면서 한 사회 고유의 기술이 다른 사회들의 기술과 섞이기 시작했다. 이 현상을 확산diffusion이라고 부른다. 이렇게 사회들이 서로 영향을 미치게 됨에 따라 사회들은 그 이전의 사회들보다 훨씬 더 큰 변화를 겪게 되었다. 확산 현상으로 인해 지식은 한 방향으로만 축적되지 않고 가지를 치면서 퍼지게 되었고, 다양한 원천에서 퍼진 지식이 하나의 줄기로 모이기도 했다.

사람들의 이주, 교통의 발달, 의사소통 수단의 발달로 확산은 점점 더 활발해졌다. 확산은 지역 고유의 지식을 세계 공통의 지식으로 전환시켰다. 현재 사회 간 지식 교류는 점점 더 빨라지고 있다. 확산 덕분에 우리는 현재의 정교한 기술을 가질 수 있게 되었다. 하지만 여기서 의문이 든다. 확산의 효과는 무제한적일까? 엔트로피처럼 확산은 모든 것을 다 고르고 균일하게 만들 수 있을까? 기술의 확산은 이미 그 효과가 없어진 것은 아닐까?[31]

생물체에 대해 생각해 보자. 혈연적으로 가까운 개체들의 짝짓기로 제한된 유전자 풀에서 태어난 개체는 결함이 있는 개체인 경우가 많다. 새로 태어난 개체가 부모 개체들의 결함을 모두 물려받기 때문이다. 생물학자들은 이 과정을 근친교배inbreeding라고 부른다. 혈연적으로 먼 개체들의 교배는 이계교배outcrossing라고 한다. 사육자들은 원하는 특성을 얻기 위해 혈연적으로 먼 개체들을 의도적으로 교배시킨다. 이른바 '잡종강세hybrid vigor' 효과를 얻기 위해서다. 초기 사회들의 확산으로 나타난 결과는 이 잡종강세 현상을 보여주었다. 두 사회의 기술을 합친 것보다 더 나은 기술을 얻었기 때문이다. 만약 우리가 우리 세계의 기술 수준과 비슷한 수준을 가진 다른 세계의 기술을 합칠 기회가 있다면, 그것은 두 세계 모두에 매우 좋은 결과가 될 것이다.

우리는 과거로부터 물려받은 유산의 가치를 판단할 수 있을까? 문명의 핵심은 아이디어다. 지식이 점점 더 많이 축적되면 결정적으로 중요한 기여를 할 가능성이 점점 작아진다. 기술이 충분히 발달한 상태는 핵심적인 발견과 발명이 대부분 이미 이루어진 상태다. 따라서 이 상황에서 새로운 기술은 대부분 확산을 통한 발견에만 기초해 이득을 제공한다. 나이 든 사람들은 교차 변형 방식으로 가까운 친척들에게서 아이디어를 빌려야 한다 (근친교배). 오늘날 대부분의 과학자는 고도로 훈련된 전문가로 구성된 팀에 소속되어 연구하면서 과거에 축적된 방대한 지식에 약간의 지식을 더하는 일을 하고 있다. 과학자들의 연구를 일반인들이 쉽게 이해할 수 없는 것은 과학자들이 의도한 바가 아니다. 그들의 연구 자체가 복잡하기 때문에 일어나는 현상이다. 작은 진전이라도 이뤄 지식을 축적하려면 엄청난 양의 지식을 다뤄 적절한 사실들을 걸러내야 한다.

그러나 이 정도로 기술 수준이 높아진 오늘날에도 독립적으로 생각해 엄청난 업적을 이루는 사람들은 여전히 존재한다. 이런 사람들은 대개 현대과학의 영역 밖의 분야에 집중하는데, 이런 분야는 연구가 신뢰받지 못하거나 무시되어 이전에는 거의 연구가 이루어지지 않았다. 과학계는 신뢰성을 중시하기 때문에 의심스러운 연구를 배제한다. 그러나 이런 분야에서도 핵심적인 발견이 이뤄질 가능성이 존재할 것이며, 팀을 이루어 연구하는 과학자보다는 독립적으로 연구하는 과학자가 이런 핵심적인 발견을 할 가능성이 크다. 혼자서 연구하는 과학자는 단기적으로는 기술적 진보를 일으킬 수 없지만, 궁극적으로는 완전히 새로운 종류의 결과를 낳을 수도 있는 장기적 연구에 도박을 걸 수 있기 때문이다.

인류의 기술 수준이 아직 낮았을 때, 토머스 에디슨Thomas Edison은 평균 하루에 하나씩 발명을 하면서 생산성의 극치를 보이고 있었다. 에디슨은 평생 1093건의 특허를 취득했으며, 그의 발명품은 대부분 그 이후의 산업계 전체가 따라 하는 최초의 제품이었다.

에디슨은 정규교육을 거의 받지 못했다. 하지만 그랬기 때문에 과거로부터 축적된 사실들에 매이지 않았다. 실제로 에디슨과 몇 안 되는 동료들은 과거에 축적된 사실들을 참고하지 않고 최고의 기술 수준에 이르렀다. 발명을 위해 이들에게 필요했던 것은 연구하면서 얻은 물리법칙에 관한 기본 지식뿐이었다. 에디슨은 이렇게 썼다. "모든 것이 새로워 모든 단계가 어둠 속에 있다. 나는 발전기·램프·도체를 만들어야 하고, 세상 사람들이 듣지도 보지도 못한 수많은 것들에 집중해야 한다." 상품성이 있는 전구를 발명하는 과정에서 에디슨이 구축해야 했던 시스템을 두고 한 말이다. 하지만 사람들은 전기를 만들어 가정에 보내는 그 모든 과정은 전혀 생각하지 않고 전구만을 생각한다.

에디슨보다 200년 앞선 아이작 뉴턴Isaac Newton은 산업을 열어젖힌 사람이 아니라 법칙을 정의한 사람이었다. 뉴턴 이전에 갈릴레오는 완전히 새로운 과학을 연구했다. 갈릴레오보다 몇백 년 전에 아르키메데스Archimedes

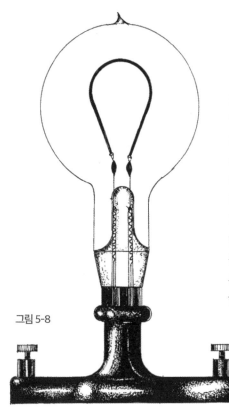

그림 5-8

1880년 1월 27일, 토머스 에디슨은 전구로 미국 특허를 받았다(특허번호 223898). 에디슨 이전에도 많은 사람이 전구 발명을 시도했지만 실패했는데, 필라멘트와 가스를 제대로 조합하지 못했기 때문이다. 하지만 에디슨은 혼자서 수백 가지 소재를 사용해 실험을 진행했고, 결국 탄소로 필라멘트를 만들어 진공 상태의 전구 안으로 집어넣고 밀봉하는 방법으로 전구를 발명하는 데 성공했다.

그림 5-8

는 최초로 과학과 기술의 존재에 관해 말했다. 이들은 각자 나름대로 자신의 시대를 살았지만, 이들의 연구 각각은 시간이 지남에 따라 범위가 더 특화되면서 좁아지는 추세를 보인다. 만물의 원인과 법칙이 알려진 것이 시라쿠사의 아르키메데스 이후라고 말하는 사람도 있다. 무엇보다 아르키메데스는 극도의 예리함으로 모든 사물에 대해 탐구했다. 실제로 아르키메데스는 기하학과 수학의 기초를 마련했고, 수많은 기본적인 법칙의 이론적 토대를 구축했다.

뉴턴, 갈릴레오, 아르키메데스 같은 초기 과학자들은 매우 창의적이었고, 동시대의 사람들에게 인정받지 못한 경우가 많았으며, 심지어는 적대적인 환경에서 연구하기도 했다. 하지만 이들은 초인이 아니었다. 아마 이들은 현재의 과학자들보다 위대하지 않았을 수도 있다. 이들이 중요한 업적을 이룰 수 있었던 것은 일상적인 환경에서 바로 적용할 수 있는 답을 찾아냈기 때문일 것이다.

끊임없이 작동하는 인간의 두뇌는 변화를 원하지만, 변화가 항상 개선으로 이어지지는 않는다. 이런 변화의 대상이 되는 인공물은 그 이상의 개선에 저항하기도 한다. 이런 저항은 인공물이 이미 최고의 수준에 이르러 완전한 재평가 없이는 조금도 그 상태에서 개선될 수 없는 상황에서 일어난다. 하지만 때로는 새로운 기술을 이용해 기존의 형태들을 다시 사용하려는 시도가 이루어지기도 한다.

낫은 세상에서 가장 단순하면서도 우아한 도구 중 하나다. 낫은 인간의 팔 동작에 맞춰 훌륭하게 설계된 도구이며, 형태는 수천 년에 걸쳐 자리를 잡았다. 하지만 낫의 작동 메커니즘은 꽤 복잡하다. 대부분의 낫은 거의 포물선 형태로 설계되는데, 이는 낫의 끝부분에서 모인 밀이나 풀의 줄기들이 이 포물선 곡선의 정점으로 이동해 잘리도록 하기 위해서다. 이렇게 잘린 줄기들은 포물선 곡선 안으로 모여 일정한 길이의 줄기 다발이 된다. 이 낫을 대체한 도구가 대낫scythe이다. 대낫은 낫과 작동 메커니즘이 같지만, 그것 덕분에 농부는 하루 종일 고통을 참으면서 몸을 굽히지 않고도 서서 수확을 할 수 있다.

최초의 수확 기계는 낫의 작동 메커니즘을 그대로 모방해 만들어졌다. 이 수확 기계는 바퀴 회전을 통해 지면과 평행하게 움직이며, 두 바퀴 사이에 있는 또 다른 바퀴의 테두리에 작은 낫들이 붙어 있는 구조다. 말이 뒤에서 밀도록 설계된 이 수확 기계는 앞으로 나아가면서 낫이 달린 바퀴로 땅에 있는 곡물 줄기들을 잘라내 밭에 쌓는다. 하지만 이 수확 기계는 한 번의 동작으로 정교하게 줄기들을 잘라 모아 다발로 만들 수 있는 낫과 달리 줄기들을 계속 자르면서 줄기의 남은 부분들이 계속 뭉치게 만들어 결과적으로 밭을 엉망으로 만들었다. 시간이 지나면서 이 수확 기계는 더 작은 낫들을 무한 체인에 부착한 기계로 대체되었지만, 결과는 별로 다르

그림 5-9

그림 5-9

말이 뒤에서 밀면 전진해 식물 줄기를 자르도록 설계된 이 장치의 가운데 바퀴는 땅 위에서 빠르게 회전하며, 테두리에 낫처럼 생긴 커터들이 달려 있다. 이 장치를 발명한 사람은 인간의 팔 동작을 재해석해 이 기계에 적합한 커팅 메커니즘을 만들어낸 것이 아니라 그것을 그대로 모방했다.

지 않았다. 이 개선은 손동작을 기계에 재적응시킨 결과가 아니라 기존 수확 기계의 작동 메커니즘을 그대로 유지한 채 약간 변화를 준 것에 불과했다. 그 후 사이러스 홀 매코믹Cyrus Hall McCormick 등이 가위 모양의 커터를 개발하면서 기계 작동 메커니즘에 맞춘 완전히 새로운 계통의 수확 기계

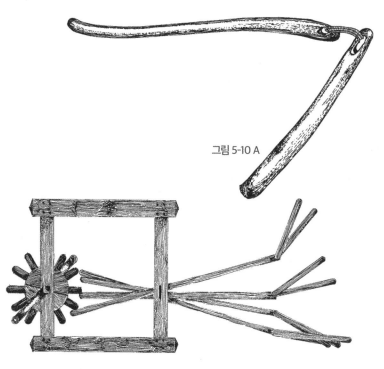

그림 5-10 A

그림 5-10 B

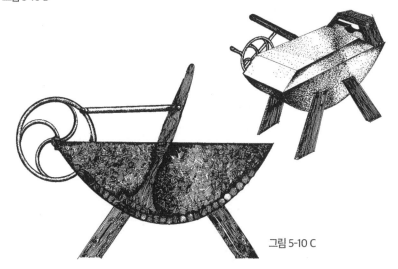

그림 5-10 C

가 출현했다. 현재 밀 수확에 사용되는 대형 콤바인 역시 매코믹이 개발한 수확 기계의 계보를 잇고 있다.

인간은 양팔에 새의 날개 같은 날개를 달아 퍼덕이는 방식으로 최초의 비행을 시도했다. 최초의 증기기관은 사람의 몸 형태로 만든 보일러가 동력을 공급하는 장치였는데, 보일러의 입으로 증기가 배출되면서 터빈이 회전하는 구조였다.

말이 끌지 않는 탈것을 발명한 대부분의 사람들은 짐을 나르는 데 쓰이는 짐승의 골격을 닮은 구조를 만들었다. 옷 세탁 작업이 수작업에서 기계적인 작업으로 처음 바뀌었을 때 만들어진 대부분의 세탁기는 세탁물을 비틀고 짜는 두 손의 형태를 본떠서 만들어졌다.

이러한 것들은 기존의 것들에 강력한 영향을 받아 이루어지는 혁신의

그림 5-10 A, B, C
일반적으로 새로운 1세대 장치의 제작은 기존 장치들에 크게 의존한다. 손으로 하던 일을 기계가 하도록 만드는 과정에서 발명된 기계는 대부분 인간이나 동물의 움직임을 기계에 그대로 적용하려고 했기 때문에 제대로 작동하지 않았다.
줄기에서 낟알을 분리하는 작업인 탈곡은 농사의 중요한 기본 요소다. 고대부터 이 탈곡 작업에 사용해 온 도리깨는 느슨하게 연결된 막대기 2개로 만들어진 도구다. 막대기 하나는 손잡이 역할을 하고, 다른 하나는 수확한 농작물을 두들겨 낟알을 줄기에서 떨어뜨리는 역할을 한다. 최초의 기계식 탈곡기 중 하나는 손잡이가 긴 도리깨들을 원통과 핀이 달린 받침대에 장착한 형태였다. 원통이 회전하면 도리깨들이 위아래로 움직이는 구조다. 이처럼 비효율적인 방법은 기계 동작에 더 적합한 탈곡기가 발명되자 망각 속으로 묻혔다. 초기의 세탁기 중 하나는 빨래판 위에서의 사람 손동작을 모방한 기계였다. 이보다 훨씬 나중에 등장한 회전형 세탁기는 더 정교한 해결 방법이 적용된 기계다.

예라고 할 수 있다. 이때 기능의 명확도는 떨어지는데, 이는 이미 확립된 형태와 방법이 지적인 활동을 방해하기 때문이다. 이런 기계들이 적절한 쓰임새를 찾지 못한 이유가 바로 여기에 있다.

처음에 개발된 핵심 기술이 미치는 부정적인 영향을 보여주는 것을 더 찾아보자면, 사용 방법의 변화를 수용하지 않음으로써 형태가 엉망이 되는 다음과 같은 예를 들 수 있다.

뉴잉글랜드 지역의 여러 주와 캐나다 동부 연안의 여러 주에서 사용되는 조개잡이 배는 부드러운 개펄에서 움직이는 작은 배에서 진화했다. 이 작은 배는 양옆이 뒤로 갈수록 약간 넓어지며, 뱃머리(선두)와 고물(선미) 부분에서 약간 올라간 곡선 형태의 평평한 바닥이 있는 배로 용골이 없는 형태를 띤다. 개펄 위 5센티미터 정도 깊이의 물에서 움직이는 이 배에는 한 사람이 타서 개펄에서 파낸 조개를 담을 수 있다. 이 배는 썰물 때에는 썰매로 쉽게 끌어서 육지로 올릴 수 있다. 이 배는 활 2개를 이어 붙인 날렵한 형태를 띠고 있는 데다, 용골이 없고 바닥이 평평해 개펄에 빨려들지 않기 때문이다.

이 배는 폭이 넓은 소나무 판자 두 장이 뱃머리에서 합쳐지며, 이 판자 두 장이 배의 가운데 부분의 앉는 자리 근처에서 휘어져 폭이 가운데 부분보다 좁은 고물 부분의 앉는 자리를 양옆에서 감싸는 구조로 되어 있다. 배의 두 측면을 이루는 판자는 소나무의 휘어진 부분을 그대로 이용한 것이다. 숙련된 사람이라면 이 배를 다섯 시간이면 만들 수 있다. 이 배는 소재와 형태 면에서 한 사람이 손으로 노를 저어 배를 움직이면서 조개를 잡

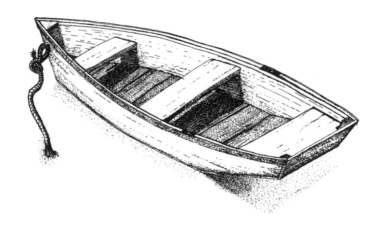

을 수 있도록 완벽하게 설계된 형태라고 할 수 있다. 따라서 이런 필요가 변화하지 않는 한 조개잡이를 위해 이 형태와 같은 계통의 배를 계속 만들지 않을 이유가 없다.

그러나 분리형 엔진이 배에서 널리 사용되기 시작하면서 사람들은 노를 젓지 않고 모터를 이 조개잡이 배의 고물에 달아 배를 움직이려고 시도했다. 하지만 이 조개잡이 배의 고물 부분은 위로 약간 올라가 있고 두께가 얇기 때문에 모터를 그 위치에 달면 배가 균형을 잃으면서 움직임이 어색해질 뿐 아니라 전체적으로 위험성이 높아지고 효율성이 낮아진다. 이 상황에서 배가 더 빠르고 안전하게 움직이려면 고물이 사각형 모양이어야

그림 5-11 A, B

일반적으로 아이디어는 생성, 변화, 개선, 실패를 거쳐 결국 '표준 형태'라고 불리는 형태로 발달한다. 이는 아이디어의 발달이 정체 상태에 이른 형태다. 1900년에 만들어진 이 아논 의자Anon chair(그림 5-11 B)는 스타일, 소재, 내구성이 조화된 매우 성공적인 표준 형태로 대중의 사랑을 받았다. 실험실용 유리병(그림 5-11 A)은 오랫동안 변하지 않고 유지되는 또 다른 표준 형태다.

그림 5-11 A

그림 5-11 B

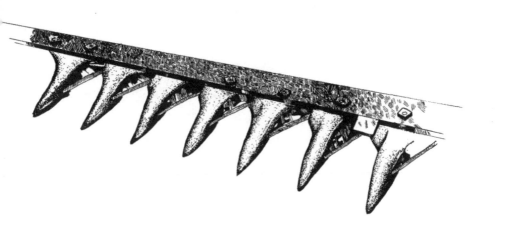

한다. 이 작은 배의 고물에 모터를 달면 노를 젓기가 쉽지 않고 개펄에서 배를 육지로 끌어 이동시킬 수도 없다. 이 사례는 사용 방법이 변화해 효과를 잃은 기존의 형태를 아무 생각 없이 그대로 유지했을 때 참담한 결과가 발생할 수 있다는 것을 보여준다.

기술의 발달은 연속적으로 이루어지지 않는다. 사람들의 생각은 계속

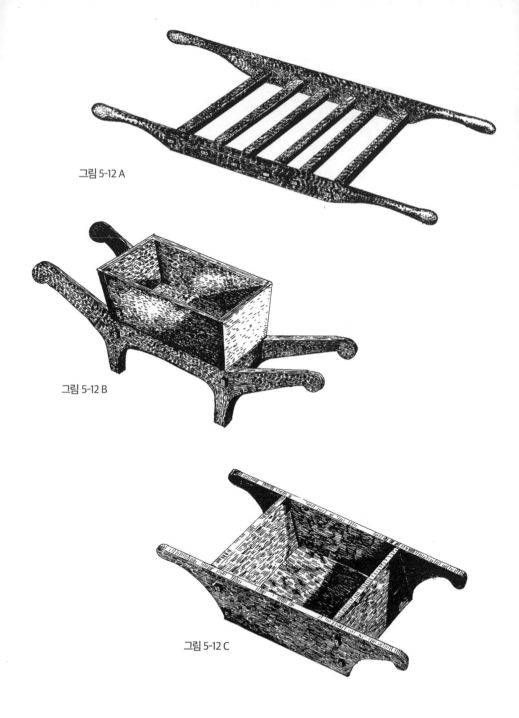

그림 5-12 A

그림 5-12 B

그림 5-12 C

그림 5-12 D

그림 5-12 E

그림 5-12 A, B, C, D, E

손수레는 5~6단계를 거쳐 표준 형태로 진화했을 것이다. 처음에는 바퀴가 없는 들것 형태였다. 이 들것은 두 사람이 앞뒤에서 들고 중간 정도로 무거운 물건을 옮기는 데 사용되었다. 그 후 모래처럼 입자가 가는 물체를 옮기기 위해 이 들것 위에 상자를 놓기 시작했고, 그 후 이 상자와 들것은 하나의 형태로 합쳐졌다. 그러다 바퀴를 들것의 앞쪽에 달면 한 사람만으로도 물건을 옮길 수 있다는 것을 사람들이 깨닫게 되자 손잡이가 들것의 뒤쪽에만 달리게 되었다. 표준 형태가 만들어진 것은 다섯 번째 단계에서다. 이 단계에서는 물건을 옮기는 동안 들것이 기울어지는 것을 막기 위해 물건을 담는 통의 바닥 면에 경사가 주어지고 통의 소재도 나무에서 금속으로 바뀌었다. (그림에 없는) 현재 단계의 손수레는 압축 공기를 담은 구(고무 타이어 등)가 바퀴를 대체해 거친 바닥에서 안정성을 확보하도록 설계되었다. 하지만 이 형태가 표준 형태로 유지될지는 미지수다.

변화하며, 불연속적으로 발달하다가 완전히 사라지기도 하기 때문이다. 이전의 생각에 거의 영향을 받지 않은 생각이 갑자기 나타나기도 하고, 동굴의 석순stalagmite처럼 긴 세월의 축적으로 생각이 완성되기도 한다. 기술의 발달은 어떤 시점까지 진행되다가 완전히 멈추는 경우도 많다. 기술의 형태가 지그프리트 기디온Sigfried Giedion이 말한 '표준 형태standard form'에 이르렀기 때문이다. 표준 형태란 (적어도 당시에는) 최고의 형태로 생각되는 전형적인 해결 방법을 말한다.

기디온은 이렇게 썼다. "기계식 수확기는 한 사람이 발명한 것이 아니다. C. W. 마시C. W. Marsh(미국의 가죽 패킹 제조회사의 창업자—옮긴이)도 가죽으로 패킹을 만들기 위해 오랫동안 경험을 쌓아야 했다. 수확 기계는 점진적인 과정을 거쳐 현재의 실용성을 가지게 된 것이다. 이 과정에서 어떤 사람이 만든 수확기는 하나의 유용한 특징만을 가지고 있었을 것이고, 그 특징은 그 수확기가 사라진 뒤에도 계속 유지되었을 것이다. 매코믹의 수확기가 가진 일곱 가지 핵심 기능은 이미 영국에서 다른 사람들이 특허를 받았다. 매코믹이 수확기 제작을 위한 아이디어를 완성한 것은 1783년이었다. 이 수확기에는 표면이 날카로운 톱니로 되어 있는 삼각형 형태의 짧은 칼들이 달려 있는데, 이 형태는 현재까지도 유지되고 있다. 톱니가 달린 칼은 상어의 이빨과 비슷하게 생겼으며, 상어 이빨처럼 물체를 무는 역할을 한다. 이 형태는 나중에 많이 수정되긴 했지만, 당시에는 수확기의 표준 형태였다." 인간이 사는 환경에는 표준 형태에 이르러 그 형태가 쓸모없어질 때까지 변화하지 않고 유지되는 것들이 많다.[32]

환경

가지가 거의 없어 모양이 어색한 어린 가문비나무 한 그루가 협곡 바닥에서 4미터 정도의 높이로 자란다. 길이가 서로 다른 가지 2개가 잎을 아래로 늘어뜨리고 있다. 이 두 가지는 이 나무에서 유일하게 햇빛을 받으면서 성장을 대부분 책임지고 있다. 다른 가지들은 제대로 자라지 못해 반쯤 죽어 있는 상태다. 하지만 나무의 뿌리는 습기가 많고 영양분이 풍부한 땅속에서 잘 발달해 있다.

협곡 위의 바위틈에 뿌리를 내린 또 다른 어린 가문비나무는 키가 60센티미터도 안 되지만 가지들이 짧고 두꺼우며 서로 균형을 이루고 있다. 나무에 달린 솔방울의 모양도 다른 가문비나무들과 같다.

그림 6-1

그림 6-1

자연은 생태표현형적 효과를 통해 세상에 다양성을 부여한다. 만약 생태표현형적 효과가 없다면 이 세상은 한 종에 속한 개체들의 형태가 모두 같은 단조로운 세상이 될 것이다. 같은 종에 속한 개체들의 형태를 다양하게 만드는 것은 환경이다. 절벽 위에서 자라는 이 몬터레이 소나무들이 평평한 숲에서 자랐다면 크기, 잎들의 균형, 전체적인 형태가 서로 훨씬 더 비슷해졌을 것이다. 이렇게 생존이 힘든 환경에서 자라는 나무들의 형태가 평평한 숲에서 자라는 나무들의 형태와 달라지는 것은 환경의 흙 상태와 구성, 햇볕, 바람, 땅의 수분, 곤충, 동물이 다르기 때문이다. 가지들은 이런 요소들의 변화에 쉽게 영향을 받기 때문에 어떤 가지들은 살아남고 어떤 가지들은 살아남지 못한다. 나무의 전체적인 형태는 이 가지들의 생존 상태에 크게 영향을 받는다.

가문비나무가 자라는 곳에서는 공간과 햇빛에 대한 경쟁이 없지만, 이 나무의 뿌리는 좁은 바위틈에서 영양분과 물을 찾기 위해 구부러지고 갈라져 있다.

유전적으로 비슷한 이 두 나무가 최적의 상태로 동일하게 통제된 환경에 심어졌다면, 둘 다 전형적인 원추 형태를 띠고 뿌리 모양도 같은 쌍둥이 나무로 자랐을 것이다. 이 두 나무가 서로 다른 형태를 띠는 것은 생태표현형적 효과ecophenotypic effect, 즉 어떤 형태가 속한 환경이 그 형태의 변화를 일으키는 효과 때문이다.[33]

유기체의 형태와 생명은 태양계 내의 태양 위치에서 물 한 방울의 화학적 구성에 이르기까지 다양한 생태표현형적 효과를 일으키는 요소들로 결정된다. 밭에서 자라는 밀의 모든 줄기 주변의 환경, 바닷가 바위에 붙어 있는 따개비들의 주변 환경은 줄기 하나하나마다, 따개비 하나하나마다 모두 약간씩 다르다. 이 유기체들은 몇 센티미터밖에 떨어져 있지 않아도 위치에 따라 영양분을 흡수할 수 있는 가능성, 그늘의 정도, 파도의 소용돌이 형태, 바람의 움직임, 자라날 수 있는 공간의 크기 등 수많은 요소가 달라진다. 새나 인간처럼 넓은 범위를 이동하는 유기체는 생태표현형적 효과가 매우 복잡해진다. 이 유기체들이 사는 환경을 구성하는 요소들이 끊임없이 변화하기 때문이다.

생태표현형적 효과는 인공물의 형태가 만들어지고 사용될 때도 적용된다. 스웨터나 바지는 오래 입으면 몸에 맞게 늘어나 편안하게 입을 수 있게 되고, 처음에는 발에 잘 맞지 않았던 신발은 신고 다니면 늘어나 편하게 신을 수 있게 되고, 빵빵했던 소파 쿠션은 시간이 지나면서 이용하는 사람의 몸에 맞는 모양이 된다. 오랫동안 사람들이 밟고 다녔던 현관 계단의 발판은 느슨해지고, 오랫동안 사용한 문손잡이는 돌리기 전에 약간 위로 들어올려야 돌릴 수 있는 상태가 되고, 오래된 계단의 발판은 특정 부분이 움푹하게 들어가고, 오랫동안 사용한 옷장의 문은 문틀에 달라붙어 열리기 힘들어지며, 오래된 창문은 꽉 닫히지 않는다. 이 모든 현상은 환경과 사용의 영향을 보여주는 놀라운 예라고 할 수 있다.

1928년에 한 건축업자가 길가에 일직선으로 똑같은 형태의 집을 일곱 채 지었다. 이 건축업자는 자신이 지은 이 일곱 채의 집을 모두 샀다. 이 집들이 모두 완공되고 1년이 지나자 그중 세 채가 다른 사람들에게 팔린 것으로 보인다. 나머지 네 채의 정원에는 풀이 무성하게 자라고 잡초가 우거졌기 때문이다. 1934년이 되자 이 일곱 채의 집은 대부분 새로 페인트칠을 해야 하는 상태가 되었고, 그중 두 채에는 아무도 살지 않게 되었다. 1940년에는 이 일곱 채에 모두 사람이 살기 시작했고, 그중 두 채에 사는 사람들은 차고를 개량했고 한 채에서는 차고가 없어졌다. 이 집 중 한 채의 앞마당에는 12년 된 단풍나무가 몇 그루 심어졌다. 1940년대 말이 되자 이 일곱 채의 집 중 한 채에서 불이 나 벽이 다시 세워졌다. 스투코 stucco(골재나 분말, 물 등을 섞어 벽돌, 콘크리트, 목조 건축물 벽면에 바르는 미장 재료—옮긴이)가 칠해진 현대적인 외관의 벽으로, 둥근 모양의 창문 2개와 출입문이 달려 있었다. 1950년대가 되면서 이 집은 지붕을 새로 얹었고 앞마당의 모양도 바뀌었으며, 지붕이 얹혀 있고 벽이 둘린 건물 입구의 현관이 사라지고

213

그림 6-2

그림에서 보이는 일렬로 늘어선 집은 모두 1903년에 지어졌다. 모두 같은 재료를 써서 같은 스타일로 지었다. 이렇게 같은 모양의 집들을 지은 이유는 오직 편의성에 있었다. 서로 다르게 짓는 것보다 같은 모양으로 짓는 편이 비용이 적게 들고, 공사 기간이 더 짧으며, 짓기도 쉽기 때문이다. 이 집들은 현재까지 계속 같은 위치에 늘어서 있지만, 집마다 사는 사람들이 달랐다.

1903년 이후로 여러 가족이 이 집들에서 살다 나갔고, 그러면서 그 가족들은 집에 크고 작은 변화를 주었다. 어떤 가족은 전에 살던 이들이 준 변화를 더 심화하기도 했고, 또 어떤 가족은 전에 살던 이들이 준 변화를 없애고 그 이전 가족이 만든 상태로 돌아가기도 했다.

이 중 맨 왼쪽에 있는 집은 처음에는 벽에 스투코가 발려 있었지만, 나중에 빅토리아 양식으로 바뀌었다. 두 번째 집은 벽돌로 외벽을 다시 덮어 조지언 양식Georgian style(영국 조지 1세에서 조지 3세에 이르는 약 100년간 주류를 이루었던 건축양식―옮긴이)의 건물로 변화했다. 세 번째 건물은 1972년까지는 그대로 유지하다가 그 후에 향나무 목재로 외벽을 덮고 까만색 창틀을 설치했으며, 출입문 앞에 계단을 놓았다. 네 번째 집은 여러 번의 변화를 거쳐 결국 원래 그대로 복귀했다. 다섯 번째 집은 1937년에 보수된 뒤 계속 그 형태를 유지하면서 보수 당시의 스타일을 보여주는 전형적인 건물이 되었다. 여섯 번째 집은 근본적인 변화를 겪지 않았지만 건물이 낡으면서 그때그때의 소재를 이용해 일부를 보수했다. 일곱 번째 집은 처음 건축된 뒤로 전혀 바뀌지 않고 원형을 유지하고 있다.

그림 6-2

거실이 새로 생겼다. 손님들을 위한 별채와 온실도 집 밖에 설치되었다.

1967년에는 이 중 몇몇 집의 외벽이 삼나무 판자로 덮였으며, 지하실이 개조되었고, 담장이 새로 세워지고, 큰 나무도 몇 그루 더 집들 앞에 심어졌다. 오늘날 이 집들을 보면 1928년에 똑같은 형태로 지어졌다고 생각하기가 매우 힘들다.

제조 과정은 미세한 구조 구축으로부터 시작되는 연속적인 과정이다. 이것은 성장, 부착, 결정화 등 자연에 의해 만들어진 소재가 인간의 손에 인공물로 만들어지는 과정이다. 인공물의 추가적인 변형은 시간이 지나면서 그것이 계속 사용되는 과정에서 이루어진다. 현대의 공장에서는 제품의 변형을 최소화하기 위해 엄청난 노력이 소요되긴 하지만, 생태표현형적 효과는 이 모든 과정에서 나타난다.

제조에 인간의 직접적 관여가 줄어들수록 오류의 수준은 낮아진다. 인간의 손은 제품의 반복적인 생산을 위한 정확성에 필요한 정밀도가 부족하기 때문이다. 실제로 제조 과정에 사람의 손이 덜 개입할수록 정확도가 변하지 않을 가능성이 커진다.

지그프리트 기디온은 이렇게 썼다.

"인간의 손은 물체를 잡을 수 있는 도구다. 쉽게 물체를 잡고, 쥐고, 누르고, 만들 수 있다. 또 인간의 손은 탐색을 할 때도, 음식을 먹을 때도 사용된다. 인간의 손에 이런 능력을 부여하는 것은 관절이 제공하는 유연성이다. 세 마디가 관절로 연결된 손가락, 손목, 팔꿈치, 어깨, 몸통과 다리는 손의 유연성과 적응성을 높인다. 근육과 힘줄은 손이 물체를 쥐는 방식을 결정한다. 손의 민감한 피부는 소재를 느끼고 인식한다. 눈은 손의 움직임을 조절한다. 하지만 이 모든 통합적 과정이 이루어지려면 마음이 손의 움직임을 지배하고 느낌이 손에 생명력을 부여해야 한다. 빵을 만들기 위해 밀가루 반죽을 만들거나, 천을 접거나, 캔버스 위에서 붓을 움직이는 행동을 비롯한 모든 행동의 뿌리는 마음에 있다. 손이라는 유기적인 도구는 이런 복잡한 행동에 사용할 수 있지만, 손은 자동화에 적합하지 않다. 손은 고유의 움직임 패턴 때문에 수학적인 정밀성이 필요한 작업에는 적합하지 않다. 손의 모든 움직임은 뇌의 끊임없는 지시에 의존한다. 손은 성장과 변화를 기초로 한 유기적인 도구이기 때문에 자동화에는 적합하지 않은 것이다."[34]

현재는 수작업 제조가 거의 없지만, 18세기에는 수작업에 기초한 생산 방식뿐이었다. 당시에는 어떤 제품의 형태와 디자인이 일관성이 없다는 것이 옳고 그른 문제로 거의 생각되지 않았다. 당시 사람들은 제품마다 형태와 디자인이 당연히 다를 거라고 생각했고, 심지어는 달라야 한다고까지 생각했다.

마차 제작자는 대패를 이용해 여러 개의 나무 바큇살을 깎아 바퀴의 모양에 맞춘다. 바퀴가 완벽하게 균형을 유지하면서 돌려면 바큇살들이 최대한 똑같이 만들어져야 한다. 마차 한 대의 바퀴 4개가 제대로 돌려면 이 4개의 바퀴도 최대한 똑같은 형태를 가져야 한다. 좋은 평판을 유지하고 싶은 마차 제작자라면 자기가 만드는 모든 마차가 상당히 높은 수준을 유지하도록 최선을 다할 것이다. 마차 제작자는 마차를 만들기에 가장 좋은 참나무 목재, 회분, 연철을 사용하지만 이 재료들은 강도, 결, 무게, 안정성, 목재 절단 시점의 나무 연식 등의 측면에서 모두 다를 수밖에 없다. 마차 제작자는 수공구手工具를 사용하고, 엄지와 눈으로 측정하며, 머릿속으로 계산해 마차를 조립한다. 게다가 사용하는 소재마다 반응 패턴이 모두 다르기까지 하다. 실제로 바큇살은 다 완전히 똑같이 만들어지지 않으며, 바퀴도 마찬가지다. 바퀴 2개 사이를 잇는 축의 길이도 각각 다르고, 축 자체의 두께도 조금씩 다르며, 마차의 바닥도 마차마다 조금씩 다르다. 이 차이는 작지만 중요하다. 하지만 좋고 나쁜 문제는 아니다. 그냥 같지 않을 뿐이다. 이런 변이는 나무가 자라는 동안의 환경조건, 철의 제련 상태, 마차의 조립 과정에 따라 발생한다.

마차 제작자는 약간의 도움을 받으면 1년에 마차 네 대를 만들 수 있다. 3년이면 12대의 마차를 만들 수 있을 것이다. 이 모든 마차는 마차 제작자와 마차를 주문한 사람들의 생각에 기초해 근본적으로 동일하게 만들어진다.

사용되기 시작한 마차들은 다시 인간의 다양한 행동에 영향을 받게 될 것이다. 그로부터 5년 후, 10년 후, 20년 후에도 운행되는 마차는 서로 더 많이 달라져 있을 것이다.

산업혁명 이전에는 사람들, 특히 시골에 사는 사람들은 대부분 도구를 스스로 만들고, 먹을거리를 스스로 재배했다. 이들은 옷, 가구, 음식, 도구를 모두 제힘으로 만들거나 재배했으며, 집도 제힘으로 짓는 일이 많았다. 이들은 '제너럴리스트'였다. 즉, 많은 종류의 일을 두루 잘했지만 특정한 일의 전문가는 아니었다. 이들이 만든 것들은 부모와 이웃들이 만든 것들과 비슷하지만 똑같지는 않았다. 산업화 이전의 가정에서는 생태표현형적 효과가 매우 폭넓게 나타났다. 당시의 다양성은 물건을 서로 다르게 만들고자 의도적으로 노력한 결과가 아니었다. 다양성은 인간에게 근본적으로 일관성이 존재하지 않기 때문에 나타난 것이다.

인구가 증가해 사회 규모가 커지고 사회 구성원들이 점점 더 밀착되면서 제너럴리스트는 스페셜리스트에게 자리를 내주기 시작했다. 가내 수공업 분야에서는 특별한 재능이 있는 사람들이 부상하게 되었다. 가족 중에는 누구보다 신발을 잘 만드는 사람이나 나무를 잘 다루는 사람이 있었을 것이다. 이런 사람들이 있다는 소문은 지역사회에 널리 퍼졌을 것이고, 지역사회에서는 이런 사람들이 가진 능력에 대해 수요가 발생했을 것이다. 이런 사람들은 더는 제너럴리스트가 아니었다. 사람들의 수요를 맞추는 데 집중하기 위해 다른 일을 그만두었기 때문이다. 이들은 특정한 일에는 확실한 전문성을 보였지만, 일의 범위는 좁았다. 장인의 탄생은 이런 전문화 과정을 거쳐 이루어졌다.

통 제작자, 구두 수선공, 대장장이, 배 제작자, 마차 제작자, 바퀴 제작자, 구리 세공인은 헛간에서 스스로 도구를 만드는 농부들보다 훨씬 정교하게 도구를 만들어냈다. 생태표현형적 효과가 줄어든 것이다. 작업이 조직적으로 변하면서 작업 방식은 더 통일성을 띠게 되었다. 장인들은 목공이나 대장장이처럼 다양한 상품을 만드는 한 가지 재료를 전문으로 하거나, 여러 가지 재료를 사용하는 단일 품목, 예를 들어 배나 마차 등을 전문으로 생산했다. 특정한 업계 사람들만 아는 비밀스러운 방법이 생겨났고, 그래서 보통 사람들이 만드는 물건과 장인이 만드는 물건에 차이가 발생했다. 공예 길드가 생겨날 즈음에는 생산 방법이 장인의 전유물로 생각되기 시작했다.

여러 개의 부품이 들어가는 복잡한 제품을 만들어달라는 주문을 받았을 때, 장인은 원재료로 각각의 부품을 따로따로 만든 다음 조립해 더 큰 부품을 만드는 방식으로 작업했다. 이 방식은 부품을 모두 조립해 완성품을 만들 때까지 반복되었다. 구성 요소들로 만들어지는 모든 제품은 기능적으로는 동일하지만, 그 제품 이전에 만든 제품들 그리고 그 제품 다음에 만들어질 제품과는 달랐다. 크기의 차이가 약간 있었고, 형태의 차이는 크기의 차이보다 작았다.

장인들의 공예는 품질 면에서 높게 평가되었지만, 사회가 변화함에 따라 양이 점점 더 중요해졌고 장인의 방식은 대량생산에는 적합하지 않았다. 장인의 제품에서 부품이 망가지거나 닳으면 수선을 위해 제품 자체를 장인에게 보내야 한다. 장인이 만든 제품의 부품들은 비슷해 보이기는 하지만 크기가 조금씩 달라 호환할 수 없기 때문이다. 이런 상황은 불편했을 뿐더러 시간도 많이 들었다. 제작이 갈수록 중앙 집중화되면서 제작자와 사용자 사이의 지리적 거리가 늘어나고 있었다.

초기에 장인 경제는 한 사람의 작업 또는 두 사람의 협업을 기반으로 했다. 그 후 작업장의 규모가 커지면서 도제들과 미숙련자들이 작업에 참여하기 시작했다. 이들은 재료 준비, 거친 절단 작업, 재료 연마 작업 같은

그림 6-3

세상의 제품 대부분을 장인들이 만들었을 때 제품의 다양성은 엄청나게 높았다. 당시에는 나라마다 특유의 생활 방식이 있었고, 한 나라에서도 지역마다 스타일이 달랐다. 또한 지역에 속한 마을과 도시도 저마다 특유의 공예 기술이나 공예품이 있었다. 장인들도 자신의 방식이 다른 장인들의 방식과 다르다는 것을 자랑스럽게 생각했다. 결정적으로, 장인들마다 수공예 기술이 달랐기 때문에 평생 갈고닦은 기술로 만든 공예품은 하나하나가 장인의 개성을 드러냈다.

그림 6-3

그림 6-4

그림 6-4

이 통 제작자는 통, 양동이, 드럼통을 만들고 있다. 이 사람은 통의 뚜껑을 만들고, 판자를 잘라 조립하여 통을 완성한다. 통 제작자는 이 모든 작업을 혼자서 하기 때문에 각각의 과정에 필요한 기술을 모두 알고 있어야 한다.

간단한 작업을 했다. 이들은 기술이 부족했기 때문에 숙련된 장인들처럼 처음부터 끝까지 모든 과정을 혼자서 진행할 수 없었다.

이 상황에서 미숙련자들은 장인이 짧은 시간에 하는 많은 일 가운데 하나밖에는 배울 수 없었다. 따라서 작업을 끝내려면 여러 명의 미숙련자가 필요했지만, 일 자체는 상당히 빨리 진행되었다. 또 미숙련자는 반평생 일을 하면서 모든 작업에 필요한 기술을 다 배울 필요가 없어졌다. 사고가 이처럼 혁명적으로 변화하면서 새로운 개념이 탄생했다. 노동의 분화라는 개념이다. 이와 함께 전문적인 영역은 다시 더 세분화했다.

자물쇠 장인이 원재료를 사용해 복잡하고 정교한 자물쇠를 완성하려면 상당한 수준의 기술이 필요했지만, 미숙련자는 자물쇠의 부품 중 하나를 반복하여 만들면서 그것을 만드는 기술만을 배울 수밖에 없었다. 그러나 미숙련자가 일하는 환경은 상당히 많이 변해야 했다.

부품 15개로 구성되는 간단한 헛간 자물쇠를 만드는 상황을 생각해 보자. 미숙련자들이 부품 하나씩을 담당했기 때문에 자물쇠 장인의 작업장은 15개의 작업대가 설치될 수 있을 정도로 넓어야 했다. 이 넓은 작업장이 현재의 공장 형태로 발전했다고 할 수 있다. 이 상황에서 장인은 제품의 수준과 일관성을 높이기 위해 미숙련자들의 작업을 지도하고 감독하느라 수작업을 할 시간을 낼 수 없게 되었다. 한편, 제작 도구는 규모가 더 커지고 정교해졌으며, 외부 동력에 의존하게 되었다. 외부 동력의 원천은 처음에는 바람과 물이었지만, 시간이 지나면서 증기기관으로 바뀌었다.[35]

치수를 잘못 재는 일이 생기지 않도록 작업자들에게는 재료를 절단해 모양을 만드는 데 도움을 주는 틀이 제공되었다. 지그jig(가공 대상물의 위치를 결정하고 잡아서 고정하며 도구를 유도하는 기능을 가진 장치—옮긴이)라고 불린 이 틀은 작업자들이 자기가 맡은 부품을 만드는 데 필요한 정보를 모두 담고 있었다.

지그에 맞춰 도구를 사용하는 일은 간단했지만, 지그를 만드는 일은 매우 어려웠다. 따라서 지그 제작 자체가 장인의 새로운 일이 되었다. 그 이

전의 장인들은 제품의 디자인과 크기에 관한 모든 정보를 글로 기록하지 않고 머릿속에 넣고 있었다. 하지만 장인들의 역할은 그 정보를 전달하는 것으로 바뀌었다. 장인들은 정확한 계획에 기초해 도면을 그려 자신이 가진 지식을 기록해야 했기 때문이다. 장인은 디자이너인 동시에 도구와 지그를 만드는 사람이 되었다. 계획에 기초해 정보를 기록하고 정확성을 유지하기 위해 지그를 사용하게 되면서 통일성이 높아지고 생태표현형적 효과가 한층 더 감소했다.

분업과 정확성은 조화를 이뤄야 했다. 헛간 자물쇠를 구성하는 15개 부품을 각각 다른 작업자가 만들고, 그렇게 만든 부품을 정확하게 조립하는 일은 결코 쉽지 않았을 것이다. 하지만 지그를 사용하면 정확한 크기로 부품을 만들어 제품을 조립할 수 있다. 이 시스템이 정착됨에 따라 제품 제작이 더 쉽고 빨라졌을 뿐 아니라 당시 새롭게 부상하던 중앙집중형 사회도 더 강화되었다. 공장에서 300킬로미터 떨어진 곳에 사는 농부도 기계 부품을 우편으로 주문할 수 있게 되었고, 망가진 부품을 주문한 새 부품으로 교체하는 방법도 알게 되었다.

산업화의 진화에서 마지막 단계는 조립 공정이었다. 제너럴리스트에게든 장인에게든, 조립 작업은 부품 제작 과정에서 가장 핵심이었다. 장인들의 작업장에서는 생산량이 소규모였기 때문에 재료와 부품이 한 작업장 안에서 제품으로 조립되었다. 조립라인 생산방식과는 정반대였다.[36]

공장에서는 조립라인을 따라 배치된 작업자들이 순차적으로 15개의 부품 중 한두 개의 부품을 조립한다. 작업자들은 조립 지점에서 이동하지 않

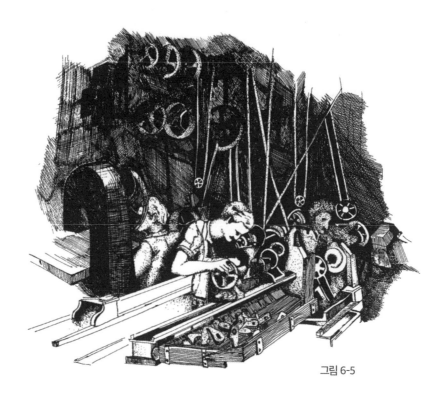

그림 6-5

그림 6-5

생산의 주축이 장인들에서 공장으로 옮겨 가자 생산의 책임이 세분화되기 시작했다. 공장 노동자들은 부품 하나만을 만들거나 부품 하나를 만드는 과정 중 하나만을 수행할 수 있는 기술과 지식만 있으면 충분했다. 노동자들은 한 종류의 작업만 반복적으로 수행하면 되었기 때문이다. 노동자들의 작업은 계획 또는 지그의 지도를 받았기 때문에 작업 과정의 실수나 부품의 형태 변형은 최소한으로 줄어들었다. 이렇게 만들어진 부품들은 다른 장소에서 따로 조립되었다.

는다. 이것은 조립라인 위에서 이동하는 헛간 자물쇠가 작업자들의 순차적인 작업을 거치면서 완성되는 방식이다. 조립라인 생산방식을 도입하면서 작업자를 훈련시키는 데 드는 시간이 다시 줄어들고, 생산 속도가 더

그림 6-6

1800년대 초에 헨리 모즐리Henry Maudslay는 선반에 추가할 수 있는 간단한 장치를 발명해 특허를 받았다(선반은 그전에도 수천 년 동안 사용되어 왔다). 이 장치는 19세기의 가장 영향력 있는 발명품 중 하나였다. 그때까지 선반을 이용한 절단 작업은 사람이 절단 도구를 손으로 잡고 재료를 절단하는 방식으로 이루어졌다. 이송 공구대slide rest(그림의 한가운데 부분)라는 이름으로 불린 이 장치는 재료를 움직여 절단 도구에 단단하게 고정하는 역할을 한다. 모즐리가 발명한 이 장치가 추가된 선반은 1000분의 1인치 수준으로 미세하게 절단할 수 있다. 이런 도구는 제품의 일부를 만들어내는 도구가 아니라 다른 도구의 일부를 만들어내는 도구다. 따라서 이런 도구는 손으로 만들어졌지만, 손으로는 달성할 수 없는 정확도를 가진 도구들을 만들어낸 도구라고 할 수 있다.

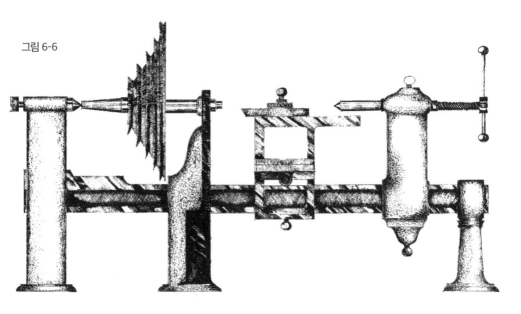

그림 6-6

빨라졌다. 이제 반복되는 단순한 행동 몇 가지만 익혀도 직업을 가질 수 있을 정도로 작업자의 영역이 특화된 것이다.[37]

상품 생산 과정에서 인간의 개입은 꾸준히 줄어들고 있다. 손을 한 번도 대지 않아도 원재료가 제품으로 완성되는 시대가 왔다. 현재 제품 생산에서 가장 중요한 것은 실용성이다. 하지만 인간의 손동작은 인간의 기질만큼이나 예측이 불가능하다. 하지만 조립라인은 사람들의 개입 없이도 언제나 변함없이 균일하게 움직인다.

또 조립라인 생산방식을 도입하면서 예전에는 지역이나 가족의 특화되지 않은 제너럴리스트가 만들어 형태와 질이 서로 매우 달랐던 제품이 고도로 통제된 자동화 과정에 따라 균일한 부품들로 구성되는 똑같은 제품으로 대량생산되었다. 이런 전환은 불가피했다. 수요를 맞추기 위해 생산방식이 변해야 했기 때문이다. 이 전환 과정에서 개성은 사라졌다. 표준화·균일화됨에 따라, 의도했든 하지 않았든 제품들 사이에 존재했던 차이는 모두 제거되었기 때문이다.

미래 세대는 20세기 후반에 일어난 이러한 전환을 부정적으로 생각할지도 모른다. 높은 수준의 질을 유지하는 제품을 대량생산하면서도 제작자의 개성을 살리고 소비자의 참여를 높일 방법이 수없이 많기 때문이다.

생각을 조금만 바꾼다면, 완제품을 만들어내는 대신 다양한 종류의 제품에 공통적으로 사용할 수 있는 기본 부품들을 만들어내는 시스템을 구축할 수 있을 것이다. 그렇게 된다면 구매자는 제품의 복잡성, 비용, 크기, 형태, 기능의 정밀도, 제품의 질 측면에서 자신의 개성에 따라 엄청나게 다

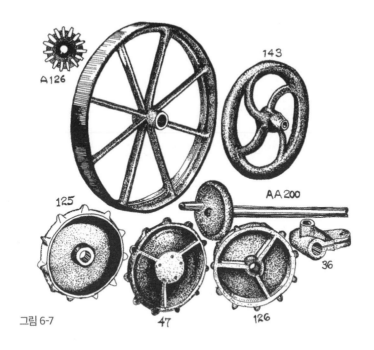

그림 6-7

그림 6-7
이 그림은 월터 우드Walter Wood의 1867년 농기구 카탈로그에서 가져온 것이다. 부품의
교환 가능성이라는 현대적 개념이 이 카탈로그를 만나, 농부는 고장 난 부품을 현지 대장
장이에게 직접 제작하거나 수리하게 하는 대신 교체 부품을 요청할 수 있었다.

양한 선택을 할 수 있을 것이다. 그렇게 되면 사람들은 (비용 절감, 선택 범위의 확
대, 제품의 질 조절을 통해) 제품 생산에서 제너럴리스트의 역할을 다시 하게 될
수 있고, 개인적인 환경에 다시 영향력을 행사하게 될 수도 있을 것이다.[38]
　　제품을 설계하고 만드는 사람들, 제품을 사용하는 사람들에게 생태표
현형적 효과는 어떤 의미가 있을까? 제품이 사용되면서 개선될 수 있도록

그림 6-8 A, B

동식물을 이루는 물질과 무기물을 마모와 응력 측면에서 비교해 보자. 금속이나 돌은 마모, 침식, 마찰로 부피가 감소하고 표면적이 줄어든다. 하지만 생물체는 마모, 침식, 마찰로 자극을 받아 세포 성장이 촉진되며, 그로 인해 필요한 부위에 필요한 만큼 더 많은 물질이 생겨난다. 생물체에서는 이런 과정을 통해 손실이 보상되는 것이다.

생물체에서는 응력을 받을 때도 이와 동일한 수정 과정이 발생한다. 과일나무는 열매가 무거워지면서 굵어지고 가지들이 튼튼해진다. 그림의 소 견갑골은 동물에서 일어나는 응력 보상 과정을 보여주는 대표적인 예다. 뼈는 살아 있을 뿐 아니라 가소성도 매우 높은 구조다. 뼈의 구조는 잔 기둥trabecula(지주)이라고 불리는 작은 섬유들로 형성된다. 이 잔 기둥은 끊임없이 제거되고 추가된다. 잔 기둥은 뼈에 가해지는 응력과 정확하게 평행한 방향으로 새로 추가된다. 아래쪽 그림은 늙은 황소의 뼈가 잔 기둥들의 복잡한 배열 경로를 따라 부서진 모양을 보여준다. 이 잔 기둥들은 뼈가 받은 응력의 패턴을 완벽하게 나타내고 있다(그림 1-14, 1-15를 참고하라).

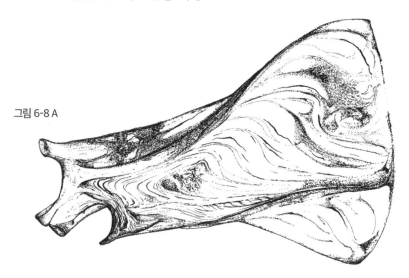

그림 6-8 A

그림 6-8 B

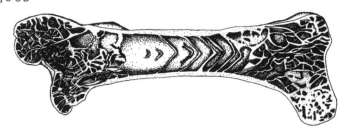

설계하려면 설계자는 제품이 사용될 환경을 완벽하게 알아야 하지만, 그것은 거의 불가능하다. 시장분석으로 큰 요인들에 관해 연구할 수는 있지만, 제품을 개인의 환경에 맞추는 것은 사용자가 제품 설계의 최종 단계에 참여하게 하지 않고는 불가능하다.

그렇다면 개선 요소들을 제품에 내장하는 일은 가능할까? 우리는 사용자들에 의해 제품이 어느 정도 개선된다는 사실을 알고 있다. 예를 들어 신발은 신을수록 더 편해지고, 담배 파이프는 오랫동안 사용하면 사용자의 사용 패턴에 따라 닳아 더 잘 흡입되며, 야구 포수의 장갑은 사용할수록 공을 잡기에 더 편해진다. 정원은 다듬은 다음에 시간이 지나야 더 보기 좋아진다. 와인이나 치즈도 시간이 지나면 맛이 더 좋아진다. 도구들도 대부분 시간이 지나야 사용하기 편해진다.

자연은 많은 부분이 개선 요소로 이루어져 있다. 일반적으로 생물은 무생물이나 무기물에 비해 응력과 마모에 더 잘 적응한다. 예를 들어 오래 사용하면 신발 밑창은 얇아지지만, 발바닥은 더 두꺼워진다. 동물의 조직과 뼈는 끊임없이 자기 자신을 복구하고 교체한다.[39]

동물의 뼈는 평생 그대로 유지되지 않으며, 끊임없이 제거되고(파골세포 osteoclast에 의한 파괴) 추가된다(조골세포osteoblast에 의한 생성). 성숙기를 지나면서 뼈에 가해지는 힘과 하중이 늘어나거나, 오랫동안 활동을 하면서 뼈의 형태가 변하고 무게가 늘거나, 나이가 들거나 사고를 당해 자세의 변화가 생기면, 뼈는 하중 변화에 반응하기 위해 점진적으로 자신을 재조정한다. 뼈의 결이 외부의 힘에 대응하기 위해 '늘어난다'는 뜻이다. 하지만 인간이 만드는 구조들은 어떤 순간에도 최대 하중을 견딜 수 있도록 만들어져야 한다.

인간이 설계를 통해 환경을 개선한 예를 들어보자. 한 유명한 건축가가 녹지를 둘러싸는 형태로 사무실 건물들을 건축했다. 공사가 완료되자 조경사들이 건물들 사이의 보도를 어떤 형태로 놓아야 할지 이 건축가에게 물었다. 건축가의 대답은 이러했다. "아직 좀 기다려야 합니다. 지금은 건물들 사이에 잔디만 꽉 차게 심어주세요." 잔디가 다 심어지고 늦여름이 되

그림 6-9

처음 만들어졌을 때 이 신발 한 켤레는 다른 수만 켤레의 신발과 똑같은 모습이었다. 하지만 이 신발은 매일 신발 주인이 신으면서 늘어나고, 주름이 지고, 휘어져 신발 주인의 발에 딱 맞는 형태가 되었다. 이런 의미에서 신발은 밖으로 닳는 것이 아니라 안으로 닳는다고 할 수 있다.

그림 6-9

자 잔디에는 건물과 건물 사이, 건물과 건물 외부 사이를 이동하던 사람들이 밟고 지나다닌 흔적이 생겼다. 이 흔적으로 만들어진 경로는 직각 경로가 아니라 곡선으로 형성된, 이동 장소 간의 가장 효율적인 길을 보여주는 경로였다. 가을이 되자 건축가는 그 경로들을 따라 보도를 놓게 했다. 그 결과 보도는 디자인 면에서도 아름다운 보도가 되었을 뿐 아니라 사용자의 필요에 직접적으로 응답하는 보도가 되었다. 게다가 "잔디를 밟지 마시오"라고 쓰인 표지판을 세울 필요도 없게 되었다. 그 보도 자체가 지름길이었기 때문이다.

사용, 마모, 수리를 통한 변화를 피할 수 없다면 변화 자체가 개선이라고 인식하면 된다. 제품은 오래되면 더 나빠지기보다는 더 좋아지며, 밖으로 닳지 않고 안으로 닳는다는 것을 인식해야 한다는 뜻이다.

7

—

통일과 유사성

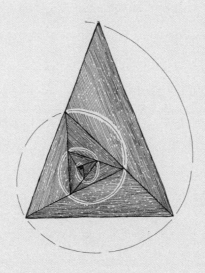

세상에 대해 처음 배우는 아이들은 바람과 물, 구름과 산에 대해 주저하지 않고 물어본다. 영리한 무지라는 점에서, 아이들의 질문은 전체 관찰overview에서 비롯된다. 그러면서 아이들은 삶에 질서가 있다는 것을 서서히 깨닫기 시작한다. 이해하기는 힘들지만 어떤 논리가 존재한다는 것을 느끼기 시작하는 것이다. 그러다 아이들은 자신의 이런 탐구로 보상을 받기 시작하면 탐구를 완전히 멈춘다. 유년 시절이 끝났기 때문이다.

만약 아이가 커서 어떤 과학 분야를 연구하는 사람이 된다면 그때의 탐구는 내부 관찰inner view, 즉 과학의 한 분야의 특정한 측면에 대한 복잡하고 특화된 연구, 부분에 대한 탐구가 될 것이다. 현대의 관점은 부분들을 연구해 그 부분들과 전체의 관계를 발견하기 위한 관점이기 때문이다. 현재 사람들은 부분들의 축적을 핵심으로 하는 이 연구 방법으로 점점 더 큰 규모의 전체 구조를 파악할 수 있을 것으로 생각한다.

목적론이라는 말은 '최종 원인'을 뜻하는 그리스어 '텔로스telos'를 어원으로 한다. 목적론은 세상과 세상 너머의 모든 것이 서로 연결되어 있으며, 모든 원인들의 원인이 되며 직접적인 원인immediate cause을 넘어서는 원인이 존재한다는 철학 이론이다.

옥수수밭에서 화산 분출이 일어나면 이전에 존재하지 않았던 산이 생긴다. 화산 분출의 직접 원인은 압축되어 있던 기체와 마그마의 분출이었지만 분화구의 형태, 용암의 흐름 형태, 파편의 확산 형태, 용암의 냉각과 수축, 새로 생긴 바위의 균열 형태는 모두 미리 결정되어 있으며 예측할 수 있다. 이 모든 형태는 우주가 시작될 때부터 우주를 지배해 온 법칙들을 따르기 때문이다.

고대 그리스인들도 아이들처럼 전체 관찰에 기초해 과학 연구를 시작했다. 고대 그리스인들은 부분들 사이의 관계를 보여주는 법칙을 찾아내기 위해 주변 세상을 관찰했다. 이들은 기본적인 자연법칙이 자연 또는 인간이 만든 모든 것, 예를 들면 리라(고대 현악기─옮긴이)의 선율, 장인이 만든 제품, 선인장, 조개 같은 것들을 모두 지배한다고 믿었다. 목적론을 현재의 용어로 설명한다면, 우리 주변의 모든 물질은 동일한 물리화학적 기초를 가진다는 말로 설명할 수도 있을 것이다. 실제로 동물의 털과 뼈, 조개껍질, 비닐, 비누 거품의 막은 모두 동일한 물리법칙에 따라 만들어진 입자들로 구성되어 있다.

고대 그리스인들이 믿었던 최종 원인은 전체 관찰에 기초한 개념이다. 이와는 대조적으로 현대의 관점은 직접 원인을 중시하는 내부 관찰에 기초한 개념이다. 현대인들은 지식이 부분들의 축적으로 이루어진다고 생각하기 때문이다. 전체 관찰과 내부 관찰은 서로 독립적으로 이루어질 수 없다. 지금까지 형성되었고 앞으로 형성될 가능성이 있는 유기물과 무기물, 생물과 무생물의 형태와 구조를 완전하게 이해하려면 전체 관찰과 내부 관찰이 동시에 이루어져야 한다. 현대의 과학자들은 끊임없이 내부 관찰을 하고 있지만, 다양한 실체들 사이의 상관관계를 찾아내기 위한 노력은 거의 하지 않고 있다.

"서로 연결된 것으로 보이지 않는 다양한 실체들 사이의 관계를 찾아내는 일"을 아리스토텔레스의 탐색Aristotelian quest이라고 부른다. 고대 그리스 시대 이후로 몇몇 뛰어난 인물이 이 탐색을 수행했다. 레오나르도 다빈치Leonardo da Vinci가 그러했는데, 조각가·건축가·공학자·해부학자·식물학자였던 그는 생명의 질서를 규명하기 위해 탐구한 사람이었다.

다빈치는 관찰을 통해 잎들이 나무에 배열되는 순서가 있다는 사실을 처음 발견했다. 그는 느릅나무를 관찰한 뒤 이렇게 썼다. "식물 표면의 잎들은 위아래의 잎들이 서로 다른 방향으로 붙어 있음으로써 서로를 최대한 적게 덮고 있다." 갈릴레오는 생물이든 무생물이든 모든 물체는 크기가 커지면 엄청난 비율로 무거워진다는 역학적 상사 법칙을 발견했다. 이 법칙에 따라 크기가 매우 큰 코끼리, 전함 같은 것들은 크기가 작은 것들에 비해 훨씬 더 튼튼하게 자라거나 만들어져야 한다.

갈릴레오가 사망한 1642년에 아이작 뉴턴이 태어났다. 뉴턴은 간단한 관찰로 운동 법칙을 발견했고, 그 운동 법칙에 기초해 천체의 움직임을 연구했다. 뉴턴의 연구는 극단적인 형태의 전체 관찰이라고 할 수 있다. 가장 위대한 목적론자에 속했던 다시 톰프슨은 19세기 중반에 태어나 20세기 중반까지 연구했으며, 형태학 연구의 대가이기도 했다. 톰프슨은 다음과 같이 말했다. "간단한 것을 발견한 사람이 위대한 사람이었다는 사실을 항상 기억해야 한다. 돌이 굴러가는 경로, 체인이 늘어지는 모양, 거품이 색깔을 띠는 현상, 컵 안에 그림자가 생기는 모양 같은 간단한 현상을 규명한 사람들이야말로 가장 위대한 사람이다."[40]

톰프슨은 생물과 무생물의 모든 측면을 연구했다. 그가 보기에 나무는 하나의 과나 속에 속한 실체이기도 하지만, 다른 모든 것들처럼 지구의 물체를 지배하는 법칙에 반응하는 세포들로 구성된 하나의 살아 있는 실체이기도 했다. 톰프슨은 한 나무에서 보이는 모든 곡선 형태와 나무의 윤곽은 그 나무를 구성하는 물질들과 그 물질들에 작용하는 중력에 의해 형성된다고 생각했다. 나무의 가지들이 교차하는 각도는 나무 전체의 형태를 로그 곡선 형태와 비슷하게 만든다. 이 형태가 되어야 나무의 모든 부분이 같은 정도의 힘을 가질 수 있기 때문이다. 잎들의 배치는 미리 정해진 피보나치수열을 따른다. 나무가 자랄 수 있는 최대 높이는 역학적 상사 법칙으로 결정되며, 나무의 전체 형태는 나무에 작용하는 힘들의 조합으로 결정된다.

겨울 하늘을 배경으로 200년 묵은 참나무의 윤곽을 올려다보면 강과 그 강에서 갈라지는 지류들을 연상하게 된다. 강과 참나무를 하나와 여러 개를 연결하는 흐름으로 생각한다면, 이는 그리 이상한 일이 아니다. 참나무의 수천 개의 잎은 줄기를 통해 땅 위의 한 지점에서 접촉하게 되고, 강은 수십만 개의 수원을 강의 흐름으로 끌어들이다 결국 한 위치에서 그 수원들을 모두 방출한다. 처음 보는 유기체나 물체의 형태를 분석할 때는 복잡한 형태를 만든 엄청나게 많은 물리법칙 때문에 뭔가 모호한 상태로 남을 수밖에 없다. 이때 몇 가지 명백한 법칙을 찾아낼 수 있지만 다른 법칙들은 추측할 수밖에 없다. 게다가 개체는 발달하는 과정에서 형태가 달라질 수 있다는 사실 때문에 상황은 더 복잡해진다. 예를 들어 모든 인간의 얼굴은 다 다르며, 모든 다람쥐와 산의 모양도 서로 다 다르다. 목적론은 관련된 개별적 형태들에 대한 정확한 정의가 아니라 형태들의 관계를 다룬다. 파도나 모래 더미의 형태를 수학적으로 정의할 수는 있다. 하지만 톰프슨에 따르면 수학자는 특정한 파도의 형태를 정의할 수는 없으며, 특정한 산이나 언덕의 실제 형태도 정의할 수 없다.

약 800년 전 이탈리아 세관 공무원의 집에서 똑똑하고 상상력이 풍부한 남자아이가 태어났다. 그 아이의 이름은 레오나르도였지만, 마을 사람들은 그를 '돌대가리Blockhead'라고 부르거나 '멍청이의 아들Son of the Simpleton'이라는 뜻의 피보나치Fibonacci라는 별명으로 부르곤 했다. 결국 이 아이는 평생 피보나치라는 이름으로 불렸다. 원래 이탈리아 수학자 피보나치Leonardo Fibonacci는 젊었을 때 아라비아숫자에 관한 책을 썼는데, 이 책은 유럽에 아라비아숫자를 확산하는 데 결정적인 역할을 했다. 이 책의 뒷부분에는 수학 문제 하나와 그 문제에 대한 해답이 제시되어 있다. 당시에는 별로 주목받지 못했지만, 이 문제는 자연의 가장 심오한 미스터리 중 하나를 다뤘다. 피보나치는 이 문제를 통해 보편적인 진리, 지금도 부분적으로 밖에 이해되지 못하는 진리의 일부를 살짝 들여다보았다. 피보나치가 제시한 문제는 언뜻 보기에는 매우 쉬운 문제로, 다음과 같이 구성되어 있다. 만약 (A) 암수 한 쌍의 토끼가 매달 암수 한 쌍의 토끼를 낳는다면, 그리고 (B) 새로 태어난 암수 토끼 한 쌍은 자신들이 태어난 달의 다음 달부터 암수 토끼 한 쌍을 낳을 수 있다면 1년 후 토끼는 모두 몇 쌍이 될까?

피보나치가 제시한 해답은 다음과 같다. 첫 달에는 아무 일도 일어나지 않는다. 첫 번째 토끼 한 쌍이 너무 어렸기 때문이다.

첫 달 = 1쌍

둘째 달에 둘째 쌍이 태어난다.

둘째 달 = 2쌍

셋째 달에는 첫 번째 쌍만 새끼 한 쌍을 낳는다.

셋째 달 = 3쌍

하지만 넷째 달에는 첫 번째 쌍과 이제 성체가 된 토끼 한 쌍이 모두 새끼 한 쌍씩을 낳는다.

넷째 달 = 5쌍

다섯째 달에는 첫 번째 쌍이 새끼 한 쌍을 낳고, 첫 번째 쌍이 처음 낳은 토끼 한 쌍과 그 토끼 한 쌍이 낳은 토끼 한 쌍이 모두 새끼를 낳는다.

다섯째 달 = 8쌍

이렇게 토끼 쌍들이 계속 새끼를 낳으면 다음과 같이 된다.

여섯째 달 = 13쌍

일곱째 달 = 21쌍

여덟째 달 = 34쌍

아홉째 달 = 55쌍

열째 달 = 89쌍

열한째 달 = 144쌍

열두째 달 = 233쌍

피보나치는 열두째 달에서 계산을 멈췄지만 계속 계산하면 토끼의 숫자는 무한대로 늘어날 것이다. 피보나치 자신이 이 수열의 중요성을 알고 있었는지는 확실하지 않지만, 결과적으로 그는 역사상 가장 중요한 수열 중 하나를 만들어낸 것이었다.

언뜻 보기에는 거의 무작위로 보이지만, 조금만 들여다보면 이 수열의 숫자들은 각 숫자가 그 직전의 두 숫자의 합이라는 것을 알 수 있다.

$$5 + 8 = 13$$

$$8 + 13 = 21$$

그림 7-1 A, B
식물의 줄기와 가지, 가문비나무 솔방울 같은 것들은 모든 식물 성장에서 나타나는 전형적인 나선형 패턴을 보여준다. 가문비나무 솔방울을 감싸고 있는 비늘은 왼쪽으로 나선을 이루면서 올라가는 비늘과 오른쪽으로 나선을 이루면서 올라가는 비늘로 나뉜다. 이 가문비나무 솔방울에서 왼쪽으로 나선을 이루는 비늘은 13개, 오른쪽으로 나선을 이루는 비늘은 21개다. 13과 21은 피보나치수열을 구성하는 숫자다. 가문비나무의 아종은 대부분 비늘 숫자로 구분된다.

$$13 + 21 = 34$$

$$21 + 34 = 55$$

$$34 + 55 = 89$$

수열의 더 뒤쪽으로 가면 $4181 + 6765 = 10,946$이라는 것도 확인할 수 있다.

피보나치수열과 우리의 논의를 연결하기 위해 앞에서 언급한 내용으로 돌아가 보자. 레오나르도 다빈치의 설명대로, 나무(또는 잎이 무성한 식물)의 잎

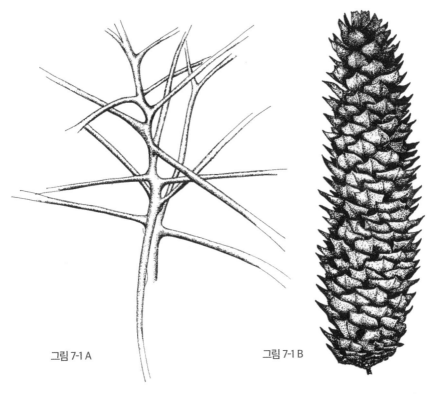

그림 7-1 A   그림 7-1 B

그림 7-2

그림의 큰 삼각형은 점 1, 2, 3을 꼭짓점으로 하는 이등변삼각형이다. 이 이등변삼각형의 꼭짓점 2와 꼭짓점 3의 밑변 거리에 해당하는 점을 꼭짓점 1과 꼭짓점 3을 잇는 빗변 상에 찍으면 꼭짓점 2, 3, 4로 이루어지는 이등변삼각형이 생긴다. 이때 이 이등변삼각형의 밑변(꼭짓점 3과 4를 이은 선) 거리에 해당하는 점을 이 이등변삼각형의 꼭짓점 2와 4를 잇는 빗변 위에 찍으면 꼭짓점 3, 4, 5로 이루어지는 또 다른 이등변삼각형이 생긴다. 이런 식으로 계속 점을 찍으면 꼭짓점 4, 5, 6, 꼭짓점 5, 6, 7, 꼭짓점 6, 7, 8, 꼭짓점 7, 8, 9, 꼭짓점 8, 9, 10으로 이루어지는 이등변삼각형이 계속 만들어진다. 이 꼭짓점들은 모두 그림에서처럼 등각나선과 삼각형들의 접점이 된다.

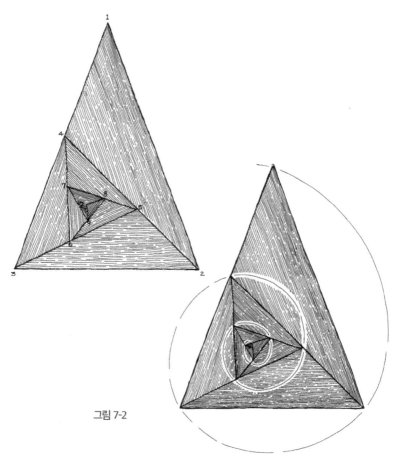

그림 7-2

들은 최대한 많은 양의 햇빛을 받기 위해 서로를 최소한으로 적게 가린다. 나무 몸통에 붙어 있는 가지들도 이 배열을 따른다. 수많은 실험과 실패, 성공을 통해 자연은 이런 식의 햇빛 노출을 허용하는 최상의 잎 배열 방법으로 나선형 성장 패턴을 발전시켰다. 잎들은 새로 형성된 줄기에서 발달하면서 구불구불한 경로를 따르는데, 앞뒤의 두 잎은 서로 약간 방향이 어긋난다. 잎의 수와 나선의 촘촘한 정도가 나무마다 다르기는 하지만 잎들의 배열은 어떤 형태로든 피보나치수열과 수치적인 관계가 있다.

13개의 잎이 줄기를 중심으로 여덟 번 회전하는 형태를 이루고 있는 식물도 있고, 13개의 잎이 줄기를 중심으로 다섯 번 회전하는 형태를 이루고 있는 식물도 있다. 한 방향으로 5개의 나선 구조를, 반대 방향으로 13개의 나선 구조를 가지고 있는 식물도 있다. 이 패턴은 모든 종류의 식물 성장 과정에서 나타난다. 솔방울의 비늘, 나무의 가지, 관목의 가시를 세어보면 알 수 있다. 해바라기는 꽃의 중심으로부터 한 방향으로 씨앗 89개가 나선 형태를 이루고 있고, 반대 방향으로 씨앗 144개가 나선 형태를 이루기도 한다. 모두 피보나치수열에 속한 숫자다.

나선은 중심축을 중심으로 회전할수록 반지름이 계속 증가하는 곡선이다(닫힌 원의 반지름은 일정하다). 나선의 유형은 반지름의 증가 속도에 따라 결정된다. 자연에는 한 유형의 나선이 압도적으로 많이 존재한다. 등각나선 equiangular spiral, 로그나선logarithmic spiral, 때로는 황금비율 나선spiral of the golden mean이라고 불리는 나선이다. 이 나선은 곡선이 늘어날 때마다 중심축과 곡선의 거리(반지름)가 곡선의 늘어난 길이에 비례해 늘어난다. 또 원점

그림 7-3

고둥은 열린 부분에서만
새롭게 성장하면서
크기가 커지지만,
정확하게 일정한 비율을
계속 유지한다.
아래의 작은 그림은
등각나선 형태로
성장하는 고둥의 단면이다.

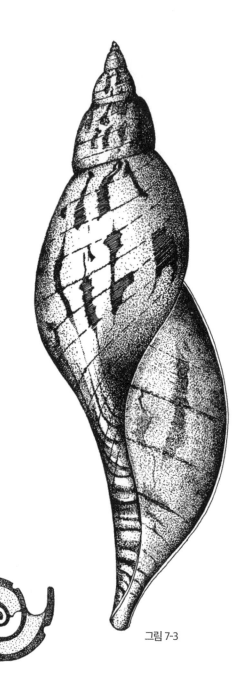

그림 7-3

을 지나는 직선과 나선 위 임의의 점에서의 접선이 항상 일정한 각도를 이룬다.

이런 흥미로운 사실들을 보면 등각나선이 매우 특별한 성질을 가질 것으로 생각하게 되며, 자연에서 등각나선 형태가 반복적으로 나타나는 이유도 알 수 있다. 다시 톰프슨에 따르면, 아이는 신체의 모든 부분이 같이 성장함으로써 어른이 되고, 따라서 대략 같은 형태를 유지한다. 인간의 몸을 구성하는 모든 부분은 함께 자라고 노화한다. 몸의 구성 요소는 거의 모두 같은 나이라는 뜻이다. 고둥 같은 형태는 한 지점, 즉 고둥의 열린 부분(생성원generating circle) 주위에서만 성장이 이루어진다. 하지만 등각나선 형태의 고둥은 성체가 되기 전과 성체가 되었을 때 모두 정확하게 일정한 비율을 유지한다. 성체 고둥을 이루는 물질은 고둥이 처음 태어났을 때의 물질과 같으며, 최근에 성장한 부분을 구성하는 물질과도 같다. 따라서 고둥은 가운데 부분이 가장 노화해 있고, 고둥의 가장 큰 부분을 차지하며 성장하는 부분은 젊다고 할 수 있다. 고둥이 아무리 커진다고 해도 등각나선 형태의 비율은 변하지 않는다.[41]

뿔, 이빨, 발톱, 부리, (코끼리의) 엄니는 모두 같은 방식으로 자라고, 등각나선 형태의 특징을 보이며, 모든 성장은 한 지점에서만 이루어진다.

등각나선을 가로지르는 방사선radial line(나선 위의 점에서 나선의 중심을 연결한 직선)들은 나선을 항상 같은 비율로 분할하며, 그 비율은 1:0.618034다.

수학에 약하더라도 좀 참고 계속 읽어주길 바란다. 여기서는 숫자가 매우 중요하기 때문이다(그림을 보면 이해에 도움을 받을 수 있을 것이다).

이제 피보나치수열을 다시 살펴보자. 피보나치수열에서 뒤의 숫자(큰 숫자)로 바로 앞의 숫자(작은 숫자)를 나누면 0.618025라는 숫자가 나타난다.

예를 들어, 144를 233으로 나누면 0.618025(소수점 아래 일곱째 자리에서 반올림), 377을 610으로 나누면 0.618032(소수점 아래 일곱째 자리에서 반올림), 6965를 10,946으로 나누면 0.6180339(소수점 아래 일곱째 자리에서 반올림)이 나온다. 수열의 뒤쪽으로 갈수록 이상적인 숫자인 0.618034에 가까워진다.

피보나치수열에서 얻은 이 0.618034라는 숫자는 인간이 손, 눈, 머리로

그림 7-4

동물의 뿔은 모두 등각나선 형태로 구부러져 있다. 산양의 뿔처럼 단단하고 밀도가 높은 뿔도 있고, 영양의 뿔처럼 길이가 1미터가 넘고 부드러운 곡선 형태인 뿔도 있지만, 모든 뿔은 등각나선 형태를 띤다.

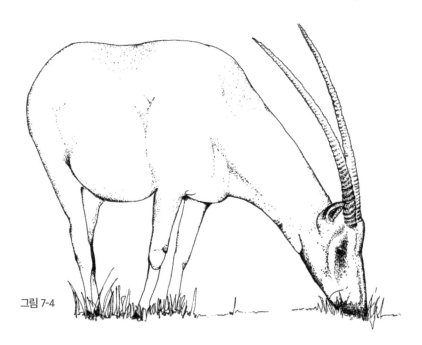

그림 7-4

만들어낸 것들과 자연이 만들어낸 것들 사이의 다리 역할을 한다.

고대 그리스인들은 눈으로 정교하게 사물을 관찰하고 그림을 그리는 방법으로 완벽한 비율을 결정했다. 이들은 두 부분으로 분할된 직선의 짧은 부분과 긴 부분의 비율이 긴 부분과 직선 전체의 비율과 같을 때 그 비율을 완벽한 비율, 즉 황금비율이라고 생각했다. 고대 그리스인들은 이 비율을 건축, 그림, 가구 제작, 도구 제작 등 다양한 분야에 적용했다. 이 비율이 가장 우아하게 적용된 예는 신성하게 분할된 직사각형, 즉 황금 직사각형이었다. 고대 그리스인들은 자신들이 결정한 이 비율과 자연계에 존재하는 것들을 수학적으로 연결하지 못했을 것이다. 수백 년 동안 고대 그리스인들의 황금비율은 알려졌다가 망각되기를 반복했고, 7세기에 이르러서야 비로소 이 비율과 자연의 수학적 연계성이 발견되었다.

16세기 후반 네덜란드의 수학자 야코프 베르누이Jacob Bernoulli는 스위스 바젤의 집에서 황금비율과 피보나치수열의 관계를 보여줄 수 있는 단서를 처음 발견한 순간 엄청나게 흥분했을 것이다. 이 단서에서 시작해 그는 황금 직사각형의 정확한 비율이 1:0.618034라는 놀라운 사실을 발견했다.

고대 그리스인들은 중요한 건축물은 모두 황금비율에 기초해 건축했다. 그 건축물들의 기둥과 건축물 안팎에 세워진 조각상은 모두 황금비율을 기반으로 만들어졌다. 파르테논신전의 앞면을 보면 정확하게 황금비율로 설계되었다는 것을 알 수 있다. 또한 고대 그리스인들은 꽃병을 만들 때도 황금 직사각형 비율에 맞춰 만들었고, 인간의 몸이 황금비율로 분할된다고 생각했다.

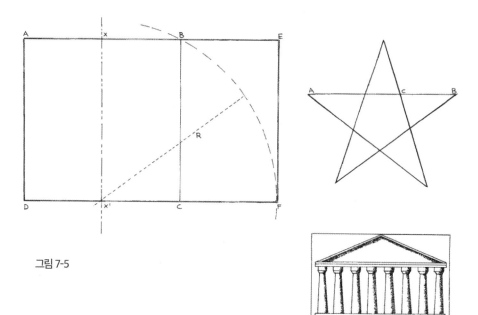

그림 7-5

그림 7-5

그림 7-5

황금 직사각형은 수치를 계산해 만들어낼 수도 있지만, 고대 그리스인들은 오직 기하학을 통해서만 황금 직사각형을 발견해 사용했을 것이다.

황금 직사각형은 꼭짓점 A, B, C, D로 이루어지는 정사각형을 기초로 만들어졌다. 이 정사각형은 선분 X-X'로 같은 크기의 직사각형 2개로 나눌 수 있다. 이때 X'를 중심으로 하며 꼭짓점 B를 통과하는 호를 그린다. 이 호는 선분 DC의 연장선에 있는 점 F와 만난다. X'에서 시작된 방사선 R은 이 호와 교차한다. 선분 DC가 연장되어 생긴 선분 DF는 황금 직사각형 AEFD의 밑변이며, 이때 다시 작은 황금 직사각형 BEFC가 생긴다.

수학적으로 보면, 선분 AD와 선분 DF의 비율은 1:1.61이다. 이 비율은 그림의 오각 별 모양 같은 형태들에서도 발견할 수 있다. 이 별 모양에서 선분 AC와 선분 AB의 비율은 1:1.61이다.

고대 그리스인들은 아테네의 파르테논신전을 비롯한 많은 건축물에 이 황금 직사각형 비율을 적용했다.

248

오늘날에도 고대 이집트의 피라미드나 소용돌이 모양의 나선은하, 현대의 건축물에서 모두 황금비율이 발견된다는 생각이 널리 퍼져 있다. 물론 이 생각이 실제로 맞을 수도 있다. 하지만 이런 생각에는 주의가 필요하다. 이런 '보편적인 법칙'은 그 법칙이 적용되지 않는 대상들에게도 그것이 적용된다고 믿게 만들기 때문이다. 자연은 매우 이상한 방식으로 작동하지만, 한 방향으로만 작동하지는 않는다.

모든 생물과 무생물의 진화는 수많은 힘의 작용을 받아 일어난다. 이런 힘 중 일부는 매우 강력하고, 일부는 매우 미약하지만 힘의 세기와 상관없이 모두 형태의 변화에 영향을 미친다. 이 힘 중에는 잎들이 햇빛을 최대한으로 받는 데 필요한 힘도 있고, 공간의 응축을 일으키는 힘도 있고, 사물의 표면적에 영향을 미치는 힘도 있고, 열을 발생시키는 힘도 있고, 다른 물질과 융합을 유도하는 힘도 있고, 진동을 일으키는 힘도 있다. 또 소리 교란, 바람, 뒤틀림, 전하를 발생시키는 힘도 있다. 중력도 이 힘 중 하나이며, 역학적인 힘 또는 화학적인 힘이 조합된 힘도 수없이 많다. 물질이 할 수 있는 것은 반응밖에 없으며, 물질의 형태 진화는 이 힘들의 작용으로 이루어진다. 천천히 굽이치는 강물 위에 떠서 움직이는 거품을 보면 이런 힘들에 의해 강물이 한 방향으로만 흐르지 않고 반대 방향으로도 흐른다는 것을 알 수 있다. 이런 힘들은 복잡한 형태를 띠면서 끊임없이 이동하기 때문에 그것의 영향을 받아 어떤 형태가 만들어질지는 예측할 수 없다. 예를 들어 오래된 배나무가 비바람을 맞아 부러지고 쪼그라들면 어떤 형태가 될지, 코끼리가 늙으면 피부가 어떤 형태가 될지는 예측할 수 없다.

하지만 힘들이 일정하고 예측 가능한 경우, 물체의 형태는 리듬, 패턴, 대칭 구조를 가진 형태로 진화한다.[42]

형태의 대칭성은 힘의 일관성을 드러낸다. 가장 간단한 대칭인 방사대칭radiate symmetry은 형태의 발달에 거의 전적인 지배력을 행사하는 하나의 힘에 의해 형성된다. 2차원 방사대칭은 평면의 표면에서 나타난다. 눈의 결정구조, 꽃, 잔잔한 연못에 던져진 조약돌이 만드는 동심원을 예로 들 수 있다. 3차원 방사대칭은 구의 형태로 형성된다. 같은 크기를 가진 두 힘이 거리를 두고 하나의 물체에 동일한 영향을 미치면 양극 형태가 나타난다. 세포 분화 현상과 쇳가루에 자석 양극의 자력이 작용하는 현상이 대표적인 예다. 좌우대칭bilateral symmetry은 방사대칭보다 더 복잡하다. 좌우대칭은 선을 따라 힘이 표현된 결과다. 고등생물일수록 좌우대칭 경향이 강하다. 인체가 대표적인 예다. 인체는 몸통을 수직으로 가로지르는 중앙선을 중심으로 완벽한 좌우대칭을 이룬다. 이보다 더 복잡한 대칭은 벌집 같은 패턴에서 발견된다. 이때 벌집의 방cell 하나를 만들고 있는 벌 한 마리가 힘의 장 안에 있는 하나의 힘이다. 가장 복잡한 대칭은 결정의 대칭일 것이다. 결정구조는 몹시 복잡하지만 구조가 매우 견고하고 동적인 균형을 이루고 있는 힘 시스템이 3차원으로 표현된 것이다. 결정구조를 인간이 모방한 것이 바로 공간격자다.

동적 시스템에서는 수많은 힘이 서로 충돌한다. 평형상태에 이르기 위해서다. 생명이 가장 왕성할 때의 나무는 몇 톤에 이르는 하중을 견딜 수 있지만, 결국 쓰러져 죽고 썩는다. 가열된 물은 복잡한 확산 패턴을 보이지만, 온도가 균일해져 평형상태에 이르면 그 패턴은 사라진다.

강은 물을 높은 곳에서 최대한 낮은 곳으로 운반함으로써 평형을 이루려고 한다. 강이 지류들로 갈라지는 구조를 보면, 운반과 균일화가 일어날 때 다양한 힘이 어떻게 작용하는지 알 수 있다. 이 힘들을 에너지와 물질의 이동 수단으로 생각한다면, 생물의 형태와 무생물의 형태가 서로 상당히 유사한 이유를 알 수 있다. 관목과 나무는 하나의 점과 여러 개의 점을 연결하는 힘들을 보여준다. 토마토의 단면은 줄기와 열매가 내부적으로 교차하는 모습을 보여주며, 켈프의 뿌리 확산 패턴이나 병 안에 든 물에서 잉크가 확산하는 모습도 이런 힘들의 작용을 보여준다.

이런 힘들은 기체, 액체, 고체에서 모두 작용한다. 파도가 해안으로 몰려왔다 다시 바다 쪽을 향하면 파도를 이루는 바닷물의 흐름이 여러 방향으로 갈라지면서 왼쪽과 오른쪽으로 소용돌이가 일어난다. 공기 중으로 뿜어진 연기에서도 같은 종류의 소용돌이가 관찰된다. 연기가 확산하기 위해 소용돌이를 치기 때문이다. 동물의 등과 엉덩이에 있는 털의 움직임은 액체의 움직임과 비슷하다. 이 털은 동물의 윤곽의 흐름 방향을 따라 배열되기 때문이다. 서로 반대 방향으로 작용하는 2개 이상의 힘이 만나면 대부분 소용돌이가 생긴다.

작은 물방울이 마른 상태의 고운 모래에 떨어지면 모래 알갱이들이 튀어 올라 분화구 모양이 생긴다. 물방울이 모래에 떨어져 모래 알갱이들과 충돌하는 과정은 작은 폭발과 비슷하다. 물이 모래에 가한 충격으로 물과 모래는 모두 충격 지점에서 떨어져 나오게 되기 때문이다. 강철 총알을 강

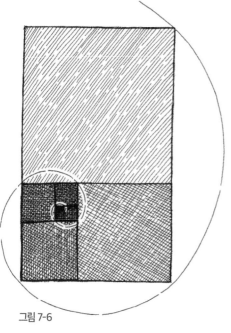

그림 7-6

그림 7-6
정사각형에 직사각형을 붙여 황금 직사각
형을 만들면 작은 황금 직사각형이 또 하나
생긴다. 한편 이 황금 직사각형은 다시 정사
각형과 더 작은 황금 직사각형으로 나눌 수
있다. 이 두 과정은 무한히 반복되어 각각 점
점 더 큰 황금 직사각형, 점점 더 작은 황금
직사각형을 무한히 만들어낼 수 있다. 이때
이등변삼각형에서처럼 꼭짓점들을 접점으
로 사용하면 등각나선을 그릴 수 있다.

그림 7-7
눈의 결정구조는 방사대칭의 전형적인 예다.
이 형태는 중심점을 중심으로 형성되었다.

그림 7-7

그림 7-8 A, B
(A) 양극대칭은 두 극을 중심으로 형성된다. 종이에 뿌려진 쇳가루에 자석 두 극의 자력
이 작용하면 두 극 사이의 힘의 장 패턴이 매우 선명하게 나타난다. 이 힘의 장은 두 극 각
각으로부터 모든 방향으로 확산하지만 두 극 사이의 영역에서 가장 강하다. 가운데 보이

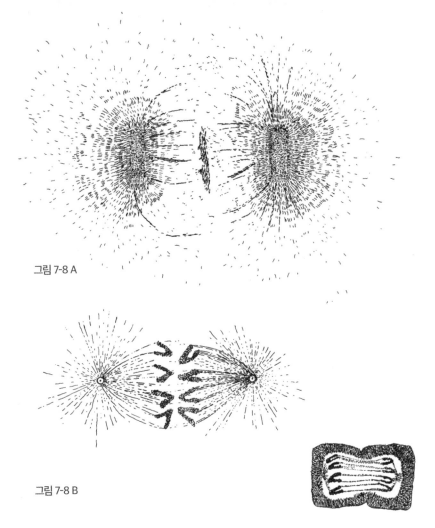

그림 7-8 A

그림 7-8 B

는 세로줄 부분에서는 두 힘 사이의 균형, 즉 평형을 이루고 있다. 쇳가루 중 일부는 이 세로줄 부분에 쌓여 능선 형태를 이룬다. 이 형태를 적도판equatorial plate이라고 부른다.

　(B) 이 그림은 인체 세포분열 과정 중 중기를 묘사한 것이다. 가운데 늘어선 것들은 염색체다. 양쪽에서 보이는 동그란 축은 성상체다. 성상체는 염색체들을 서로 떨어뜨리고 분해하며 세포 자체도 분해한다. 아래쪽의 작은 그림은 중기가 지나 염색체들이 분해되어 2개의 딸세포 안으로 갈라져 들어가기 시작할 때의 세포의 단면을 그린 것이다.

그림 7-9

그림 7-9

고등동물 대부분은 몸을 가로지르는 중앙선을 중심으로 구성되어 있다. 이를 좌우대칭
이라고 부른다. 좌우대칭 구조에서 왼쪽 부분과 오른쪽 부분은 서로가 서로의 거울 이미
지다.

그림 7-10 A, B, C

그림 7-10 A는 사냥개 로디지안 리지백의 몸 뒷부분을 그린 것이다. 털의 흐름이 다른 털
의 흐름을 만나는 곳에서 소용돌이가 생성된다. 소용돌이는 물질의 기체 상태, 액체 상
태, 고체 상태에서 모두 나타난다. 소용돌이는 움직이는 미생물에서도 볼 수 있고, 노로
배를 저을 때 물에서도 볼 수 있고, 버섯의 단면(그림 7-10 B)에서도 볼 수 있고, 찬 공기와
더운 공기의 흐름의 만남을 표시한 기상도(그림 7-10 C)에서도 볼 수 있다.

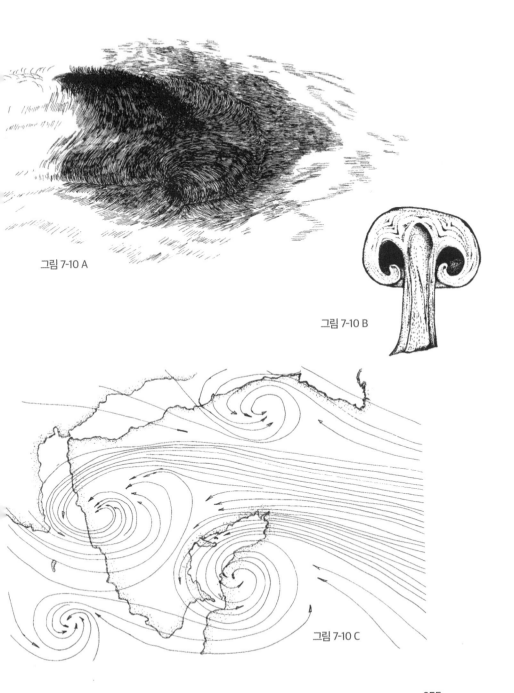

그림 7-10 A

그림 7-10 B

그림 7-10 C

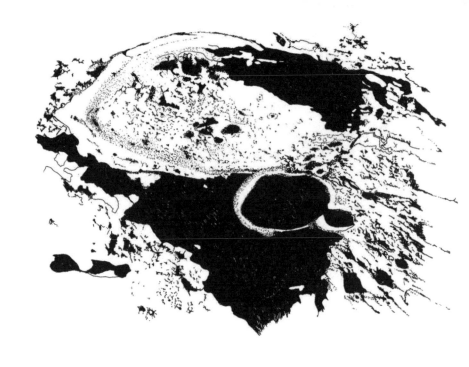

철판에 쏘아도 이와 비슷한 형태가 생긴다. 달에 있는 분화구의 형태도 이와 비슷하다. 달의 분화구들이 모래에 생긴 분화구보다 수십만 배 크고, 분화구를 생성한 충돌이 고체와 고체의 충돌이었고, 지구에서 38만 킬로미터나 떨어진 전혀 다른 환경에서 일어났다고 해도 충돌로 생성되는 분화구의 형태는 거의 같다.

힘이 한 방향으로 움직이면서 물체에 작용하면 그 물체의 형태는 이 힘의 '흐름 선stream line'을 따라 변형된다.

빗방울은 힘의 이런 흐름에 따라 형태가 형성된다. 빗방울은 앞쪽(지면쪽) 가장자리에 유체의 대부분이 몰려 있으며, 이 앞쪽 가장자리는 부분적으로 구의 형태를 띤다. 빗방울의 뒤쪽은 그 부분을 통과하는 힘의 흐름에 의해 홀쭉하게 늘어진 형태를 띤다. 빗방울은 그 빗방울을 지나가는 공기의 부드러운 흐름에 맞춰 빗방울의 원래 형태인 구 형태가 변형된다고 할 수 있다. 빗방울은 작을수록 더 구 형태에 가까워진다. 작은 빗방울은 큰 빗방울에 비해 상대적으로 표면장력이 크게 작용하므로 힘의 흐름에 영향을 더 적게 받기 때문이다.

달걀은 암탉의 몸 안에서 완벽한 구 형태에 가깝게 만들어진다. 암탉의 몸 안에서 알에 작용하는 압력의 세기가 모든 방향에서 같기 때문이다. 달걀의 껍데기는 난관을 따라 새의 몸 밖으로 배출되기 전까지는 딱딱하지 않다. 연동 수축이 서서히 시작되면서 달걀은 난관을 따라 이동하기 시작하는데, 이 연동 수축에 의해 달걀은 구 형태에서 알 형태로 변화한다. 달걀은 뭉툭한 부분이 먼저 암탉의 몸에서 빠져나온다. 빗방울처럼 힘의 흐름의 영향을 많이 받는 부분이 아래쪽에 있기 때문이다. 푹 삶은 달걀의 노른자를 보면 원래의 구 형태를 유지하고 있는데, 달걀 껍데기와 흰자에 의해 힘의 흐름으로부터 보호를 받기 때문이다.

부드러운 진흙이나 모래가 바다로 침식될 때 튼튼한 돌은 침식되지 않고 그 자리에 남아 해안 돌출부가 된다. 이런 돌출부는 섬이 되는 경우가 많지만, 돌출부가 해안과 가까우면 바람이 없는 자리에 사주sand bar(해안의 돌출부로부터 바다를 향해서 발달하는 해안 퇴적 지형. 주로 하천에 의해 운반된 모래와 자갈이 퇴적되어 형성된다―옮긴이)가 형성되고, 이 사주는 돌출부와 해안을 연결하는 역할을 한다. 이 지형을 육계사주tombolo(육지와 섬, 섬과 다른 섬이나 암초 사이에 모래나 자갈 등이 쌓여 연결된 퇴적 지형으로, 사주의 일종이다. 육계사주에 의해 육지와 연결된 섬을 육계도라고 한다—옮긴이)라고 부른다. 프랑스 북부 노르망디 해안에 있는 섬이자 요새인 몽생미셸Mont-Saint-Michel은 사취sand spit(육지에서 바다로 뻗어나간 모래의 퇴적 지형—옮긴이)로 육지와 연결된 육계도다. 육계도는 파도가 섬에 부딪혀 회절하게 되면 섬의 뒷부분에서는 파도의 힘이 약해지기 때문에 모래가 섬의 뒤편에 퇴적되고, 육지에서는 해안선과 평행하게 흐르는 연안류의 영향으로 사취가 발달해 섬 뒤편의 퇴적 지형과 사취가 연결되어 생긴다. 비행기를 타고 공중에 올라가면 이런 흐름 패턴이 확실하게 보인다. 육계사주는 흐름에 의해 형성된 형태다.

흐름은 우리 주변 곳곳에서 형성된다. 바람이 모래 해변이나 눈밭을 지날 때, 구름이 산 위로 흐를 때, 물이 개펄에서 흐를 때, 물이 정원 호스를 통과할 때 모두 흐름이 형성된다.

하인리히 헤르텔Heinrich Hertel은 《구조, 형태, 움직임Structure, Form and Movement》에서 이렇게 썼다. "헤엄치는 생명체는 몸의 형태와 삶의 방식이 서로 적응되어 있다. 따라서 물고기라고 해서 모두 빠르게 헤엄치는 것은 아니다. 걸어 다니는 물고기(핸드피시, 등목어Anabas, 씬벵이frogfish처럼 수중이나 육지에서 걸어 다니는 물고기—옮긴이)는 빠르게 헤엄치는 것에 적응할 수 없으며, 적응할 필요도 없다." 하지만 빠르게 헤엄치는 물고기들의 몸은 "유체역학적인 관점에서 볼 때 헤엄치기에 최적인 형태를 가지고 있다." 이 물고기들의 몸

형태는 움직이는 물의 속성에 의해 그렇게 진화한 것이다.[43]

자연에서 중요한 힘 중 하나는 공간을 분할하는 힘이다. 자연은 방해받지 않는 공간, 평평한 면, 진공을 싫어한다. 자연은 이런 것들을 최대한 간단한 방법으로 최대한 빠르게 없애려고 한다. 이에 따라 자연이 공간을 분

그림 7-11
750년 된 고딕 양식 수도원이 있는 몽생미셸섬은
프랑스 북부 노르망디 해안에 있다. 수백만 년에 걸쳐
비바람이 이 섬의 해안을 깎아내어 바위로 된 돌출부를 만들었다.
이 섬의 형태는 섬을 스치는 바닷물의 흐름과
바람의 힘으로 형성되었다.
육지와 섬을 연결하는 사취는
마치 유성의 꼬리 같은 형태를 띤다.

그림 7-11

할하는 방식에 관한 연구가 발달하게 되었다. 자연의 공간 분할 방식이 인간의 기술에 매우 광범위한 영향을 미친 것이다.

갈라진 시멘트 보도나 쇄석도, 오래되어서 여기저기가 갈라진 그림, 회반죽을 바른 벽의 갈라진 틈, 마른 진흙의 표면에 생긴 금, 단풍나무 잎의 잎맥, 거품의 단면, 화강암의 갈라진 틈을 자세히 관찰해 보자. 이런 현상은 모두 공간 분할 법칙이라고 부를 수 있는 하나의 법칙의 지배를 받는다. 지금은 크기와 소재, 생물과 무생물의 구분, 유기체와 무기체의 구분에 대해서는 생각하지 말고 큰 공간이 작은 공간들로 분할된다는 추상적인 개념에만 집중해 보자.

표면장력은 표면 에너지라고도 부른다. 실제로 표면장력은 일종의 에너지다. 유기물은 반쯤 액체인 상태로 형성된다. 따라서 식물의 잎맥과 동물의 동맥은 형성 과정에서 표면장력의 영향을 받는다. 한 표면에서 나온 에너지는 다음 표면으로 전달된다. 힘의 균형을 맞추기 위해서다. 이러한 에너지 또는 힘의 균형은 표면 사이에 물리적 연속성을 만든다. 이 연속성은 주변 환경에 의존하며 매우 확실한 패턴을 보인다.

단풍나무 잎의 잎맥을 자세히 들여다보면, 한 교차점에서 3개 이상의 선이 함께 모이는 일이 거의 없다는 것을 알 수 있다. 작은 잎맥이 큰 잎맥과 교차하는 경우 교차 각도는 90도에 근접하거나 정확하게 90도다. 크기가 다른 두 힘이 균형을 이뤄야 하기 때문이다. 같은 크기의 잎맥 3개가 만날 때에도 이 잎맥들은 힘의 균형을 이루려고 한다. 하지만 이때 이 잎맥들은 모두 크기가 같기 때문에 교차 각도는 120도가 된다.

이런 현상은 잠자리 날개에 있는 시맥翅脈(곤충의 날개에 무늬처럼 있는 형상으로 날개를 지탱한다 — 옮긴이)이 배열될 때, 폐 안의 동맥이 배열될 때, 얇은 비눗방울의 막이 교차할 때처럼 거의 비슷하게 나타난다. 2개의 유리판 사이에 있는 거품은 표면 에너지가 움직인 결과를 선명하게 보여준다. 이 상황에서는 거품에 작용하는 다른 힘이 거의 없기 때문이다. 이 상태에서 모든 거품이 찌그러져 서로 결합하는 각도는 거의 동일하다. 습기가 빠지고 있는 진흙이나 갈라지고 있는 페인트처럼 건조되는 물체가 균열하고 분리될 때도 비슷한 상황이 발생하지만, 진행 방향은 정반대다. 이 상황에서는 확장이 아니라 수축이 일어난다. 침수되었던 들판에서 물이 빠져나오거나 쇄석도에서 서서히 기름이 빠져나와 도로가 말라가면, 들판이나 도로를 구성하는 물질이 수축해 들판과 도로 전체가 장력의 영향을 받게 된다. 균열은 일단 시작되면 매우 빠르게 진행된다. 갈라진 틈 하나하나가 모두 장력에서 벗어나려고 하기 때문이다. 갈라진 틈 하나가 다른 갈라진 틈을 만나면 대개는 균열이 멈춘다. 그 지점에서는 장력의 압박이 사라졌기 때문이다. 이런 유형의 선 결합은 세 방향 교차를 일으키며, 갈라진 틈의 크기가 다 같다면 교차 각도는 120도가 된다. 짧은 틈과 긴 틈이 만나면 교차 각도는 90도에 근접한다. 이렇게 형성되는 형태는 생물체에 균열이 일어났을 때의 형태와 놀랍도록 비슷하다.

반대로 이번에는 자연이 물체를 어떻게 배열해 공간에 꽉 채우는지에 관해 생각해 보자. 자연에는 원 형태 또는 원의 3차원 형태인 구 형태가 매우 흔하다. 그 이유는 자연이 경제성을 선호한다는 데 있다. 원이나 구

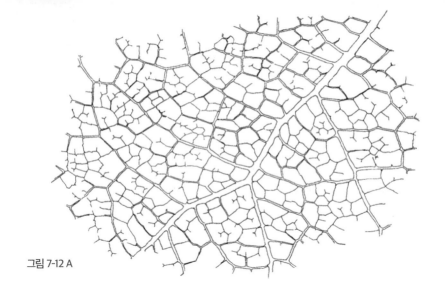

그림 7-12 A

그림 7-12 A, B, C

자연이 공간을 분할할 때 사용하는 몇 가지 명확한 패턴이 있다. 이 세 그림은 세 가지 상황에서 공간을 분할하는 패턴을 보여준다. 그림 7-12 A는 단풍나무 잎의 잎맥, 그림 7-12 B는 잠자리의 날개, 그림 7-12 C는 진흙 둑의 갈라진 모양이다. 이 세 가지 상황 모두에서 분할선의 교차점에서 동일한 형태가 관찰된다. 즉, 같은 길이의 선들이 같은 각도로 결합해 세 방향 교차점을 형성하고 있다. 이 교차점에서 선들이 이루는 각도는 모두 120도다. 짧은 선과 긴 선은 항상 직각으로 교차한다. 이는 보편적인 규칙을 따른 현상이다. 하지만 자연에는 언제나 예외가 존재할 수 있다.

는 최소한의 둘레 또는 표면적으로 최대한의 내부 공간을 가질 수 있다. 구 형태의 고무풍선 여러 개를 한데 뭉쳐 압축한다면, 그 고무풍선들의 둥근 표면은 서로를 밀면서 평형해질 것이다. 구 형태가 면을 가진 3차원 형태로 변형되는 것이다. 이 3차원 형태는 똑같은 크기와 모양을 가진 12개의 면으로 구성되는 마름모십이면체dodecahedron다. 각각의 풍선은 자체적으로 조정되어 6개의 고무풍선과 면 대 면 접촉을 하게 된다. 고무풍선 3

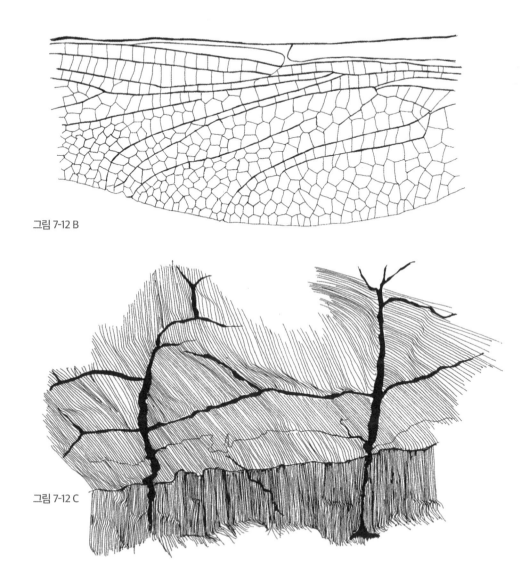

그림 7-12 B

그림 7-12 C

개는 위에서 압박하고 나머지 고무풍선 3개는 아래에서 압박하는 구조다. 이와 유사한 상황에서는 생물이든 무생물이든 같은 결과를 나타낸다. 씨 앗이나 세포가 팽창할 때도 이와 동일한 과정이 진행된다. 현미경으로 관 찰하면, 이 과정에서 씨앗이나 세포가 마름모십이면체 형태로 변하는 것 을 확실하게 볼 수 있다. 또 이 과정은 동물계와 식물계 모두에서 대부분 동일하게 진행된다.

이 고무풍선 실험을 구 형태가 아니라 원 형태를 이용해 2차원에서 진 행한다고 생각해 보자. 이때 원 형태는 육각형 형태로 변할 것이다. 예를 들어, 2개의 유리판 사이에 있는 거품은 상당히 균일한 육각형 네트워크 를 형성할 것이다. 이 육각형은 자연의 거의 모든 곳에서 볼 수 있는 익숙

그림 7-13

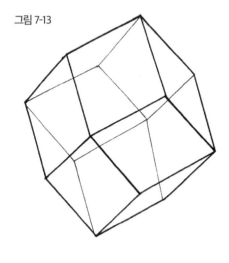

그림 7-13
마름모십이면체는
3차원 공간에서
구가 압축을 받아 생기는
12개의 면으로 구성된다.

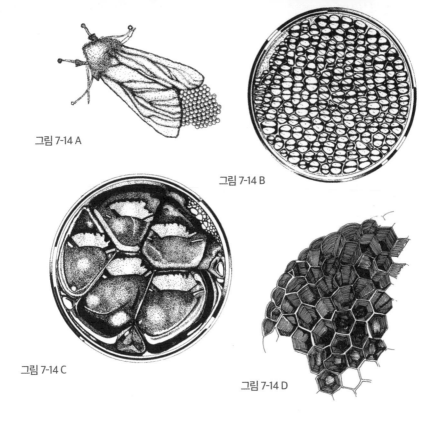

그림 7-14 A

그림 7-14 B

그림 7-14 C

그림 7-14 D

그림 7-14 A, B, C, D

왼쪽 위의 그림은 평평한 표면에 알을 낳고 있는 나방이다. 알은 구의 형태를 띤다. 기하학적으로 최대한 밀집된 형태를 이루기 위해 각각의 알은 6개의 다른 알에 둘러싸이는 패턴을 보인다. 이와 유사한 모든 상황에서도 같은 결과가 발생한다. 2차원 평면에서 원 형태들이 함께 압축되면 각각의 원 형태는 6개 지점에서 접촉하게 된다. 원 형태들이 서로를 압축해 측면이 평평해지면, 또 다른 법칙이 적용된다. 즉, 원 형태들은 큰 거품들이 작은 접시 안으로 압축되어 들어갈 때처럼 각각의 접촉점에서 120도 각도를 이루면서 세 방향 교차를 하게 된다. 이 원 형태가 자유롭게 움직일 수 있고 압력을 균등하게 받는다면, 육각형 형태가 될 것이다.

벌집은 이런 형성 과정의 결과다. 육각형은 6개의 정삼각형으로 나눌 수 있다는 사실에 주목해 보자. 정삼각형은 인간이 만든 매우 정교한 구조물들 일부에서 핵심적인 역할을 한다(2장 참고).

한 패턴이다.

가장 익숙한 육각형 네트워크는 벌집이다. 벌집을 만들 때 각 일벌은 자기가 만드는 칸을 최대한 꽉 채우려고 하기 때문에 각 칸의 표면은 서로를 압축하게 된다. 그 결과로 발생하는 것이 바로 육각형 패턴이다. 벌집의 둘레 부분에 있는 칸, 즉 바깥쪽 표면이 다른 칸과 접촉하지 않는 칸은 촘촘하게 패킹될 필요가 없기 때문에 둥근 모양을 띤다. 목적론자들과 세계의 통일성을 발견하려고 노력하는 사람들은 이런 육각형들의 교차 각도가 정확하게 120도이며, 모든 교차점이 더도 아니고 덜도 아닌 오직 3개의 구성요소로만 이루어져 있다는 단순한 사실에 기쁨을 느낀다. 앞에서 언급한 공간 분할 법칙에 관해 다시 생각해 보자. 바싹 마른 진흙의 표면이 완전히 균일하고 표면 전체가 똑같은 양의 힘을 받았다면, 진흙 표면의 균열은 완벽한 육각형 대칭 패턴을 띨 것이다.

하지만 육각형은 반복되는 패턴 이상의 의미를 지닌다. 세 방향 결합이 이뤄지는 육각형 네트워크가 뛰어난 구조인 이유는 그것이 힘들 사이에서 균형을 이루고 그 힘들을 균일화한다는 데 있다. 인간이 만든 가장 정교한 구조물 중 일부에서 육각형 네트워크가 사용되는 것도 그것이 구조적으로 뛰어난 형태이기 때문이다.

수많은 물리법칙 중에서 생물과 무생물 모두를 하나의 통일된 구조로 묶는 물리법칙은 몇 가지 되지 않는다. 이 책에서 간단하게 살펴본 이론들이 이런 구조적 통일성이 실제로 존재한다는 것을 뒷받침하는 역할을 하길 바란다.

8

우연과 비합리성

특정한 물체의 형태를 논리적으로 분석할 수 있다고 말하는 것은 주제넘은 일일지 모른다. 설계에 의해 존재하는 것보다 순수한 우연에 의해 존재하는 것이 훨씬 더 많기 때문이다. 물체의 형태는 크기, 구조, 기능 그리고 지구의 모든 물리적 조건에 제약을 받는다. 하지만 이 모든 것은 형태가 대략 어떻게 형성될지 정도만 짐작하게 해줄 뿐이다. 사실 형태의 거의 모든 것은 우연으로 결정된다.

하지만 우연이 완전히 비합리적인 것은 아니다. 우연도 매우 엄격한 법칙들을 따르기 때문이다. 이 법칙들은 숫자가 커지면서 점점 더 큰 위력을 발휘하며, 자연은 수없이 많은 것으로 이루어진다. 7만 5000마리로 구성된 청어 떼의 모든 청어는 비율과 크기, 무늬가 놀랍도록 비슷하다. 수십억 개의 모래 알갱이로 구성된 해변의 모든 모래 알갱이 각각의 무게는 거의 같다.

우연에 기대어 오직 두 가지 가운데 하나만을 선택해야 할 때, 두 가지 모두 확률이 같다면 결과를 체계적으로 예측하기란 불가능하다. 적은 수의 사건에 의한 결과를 예측하는 일은 어렵지만, 많은 수의 사건에 의한 결과를 예측하는 일은 쉬울뿐더러 확실한 법칙의 지배를 받는다. 우연에 의한 선택은 많이 이루어질수록 더 정확하게 결과를 예측할 수 있다. 하지만 여전히 우연에 의한 선택 하나하나는 그 이전의 우연에 의한 선택과 그 이후의 우연에 의한 선택의 영향을 받지 않는다. 우연에 의한 사건은 많이 일어난다고 해도 그 사건 하나하나는 모두 독립적이다. 우연히 일어나는 사건에서는 과거의 사건이 미래의 사건에 영향을 미칠 수 없다.

노련한 도박사는 '평균의 법칙law of averages(시도를 반복할수록 원래의 이론적 확률에 접근한다는 법칙—옮긴이)'을 잘 알고 있지만, 운이 바뀔지도 모른다는 생각에 게임을 하면서 결과를 계속 종이에 적는다. 이런 행동은 비합리적이지만, 이 도박사들은 어떤 식으로든 과거의 사건들이 자신의 승률에 영향을 미쳐 미래를 바꿀 수 있다고 믿는다. 또 도박사들은 유리하거나 불리한 패가 연속해서 나올 수 있다는 생각을 흔하게 하기도 한다.

동전을 10번 던졌을 때 앞면이 여섯 번, 뒷면이 네 번 나왔다면, 확률 차이는 20퍼센트가 된다. 하지만 동전을 1000번 던졌을 때 앞면이 520번 나오고 뒷면이 480번 나올 수도 있다. 40번 차이다. 동전을 10만 번 던지는 실험이 진행된 적이 있다. 결과는 큰 수의 법칙laws of large numbers(시행이 많아질수록 통계적 확률은 수학적 확률에 가까워진다는 법칙—옮긴이)에 따라 앞면이 5만 39번, 뒷면이 4만 9961번 나왔다. 78번 차이다. 이 수치는 완벽한 평균 확률인

50 대 50 확률을 동전이 39번만 따르지 않은 수치다. 하지만 동전을 한 번 던질 때의 확률은 그 이전에 던진 동전의 확률이나 그 이후에 던진 동전의

그림 8-1

동전을 던질 때의 선택처럼 둘 중 하나를 선택하는 것은 쉽지만, 여러 가지 중에 하나를 선택해야 하면 상황은 복잡해진다. 그림에서처럼 아래의 기와 2개가 바로 위의 기와 1개를 받치는 패턴으로 구성된, 지붕 같은 구조를 생각해 보자. 이 구조의 맨 위에서 매우 많은 수의 공을 떨어뜨리면 그 공은 기와의 꼭지 부분에서 50대 50 확률로 왼쪽 또는 오른쪽으로 구를 것이다. 그림에 표시된 숫자는 각 기와의 꼭지 부분에서 구르는 공의 숫자를 백분율로 나타낸 것이다.

이 숫자들은 평균의 법칙에 따라 나온 것이다. 만약 12개의 공이 이 구조를 통과해 내려온다면, 이 숫자들이 나타내는 평균치는 나오지 않을 것이다. 1000개의 공이 내려온다면 평균치에 가까운 숫자가 나올 것이고, 1000만 개의 공이 내려온다면 이 평균치에 거의 가까운 숫자가 나올 것이다.

이 구조의 바닥으로 떨어진 공들의 숫자는 중간 부분에서 가장 커져 종형 곡선bell curve을 형성한다. 다시 톰프슨은 종형 곡선에 관해 이렇게 말했다. "종형 곡선은 최대치까지 올라가고, 양쪽으로 갈수록 낮아지며, 시작도 끝도 없다. 종형 곡선은 일반적으로 대칭을 이룬다. 대칭을 이루지 않도록 만드는 원인이 없기 때문이다. 종형 곡선은 처음에는 중앙 지점에서 빠르게 하강하다가 평균선, 즉 중앙선에서 멀어질수록 하강 속도가 줄어든다. 종형 곡선은 곡률이 계속 변화하며 중앙선 근처에서는 오목한 형태를 띠고 양 끝에서는 볼록한 형태를 띤다."

종형 곡선은 우연의 법칙과 유사한 부분이 상당히 많다. 예를 들어, 이 종형 곡선은 공들의 움직임이 아니라 못처럼 단순한 공산품의 평균 무게로부터의 변이를 나타내기도 한다. 못은 파운드 단위로 판매되며, 못 제조업자는 자기가 만든 못들의 무게가 거의 차이 나지 않기를 기대한다. 하지만 못들의 무게는 제조업자가 기대하는 평균 무게와 약간의 차이를 보일 것이다. 특정한 유형과 크기로 대량으로 만들어진 못들의 무게를 하나하나 재본다면 못 하나하나의 무게는 평균 무게 위아래로 들쭉날쭉할 것이고, 그 무게를 곡선으로 그린다면 종형 곡선이 될 것이다.

확률과는 전혀 관련이 없다는 사실에 주목해야 한다.

사람들은 어떤 사건이 발생할 확률이 1억분의 1이면 그 사건은 일어나지 않는다고 생각한다. 합리적으로 볼 때 옳은 생각으로 보인다. 하지만 일어나지 않을 것 같은 일이 일어나는 것이 우연이다.

숫자 36개로 구성된 룰렛 바퀴를 네 번 회전시킨다고 상상해 보자. 연

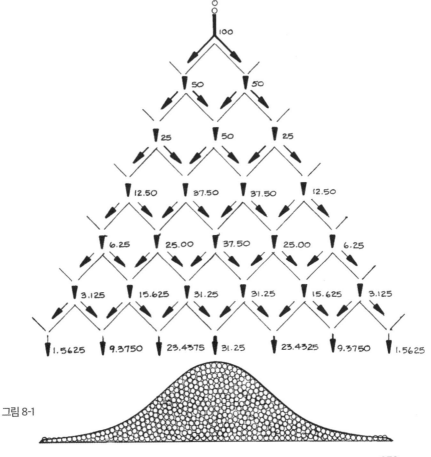

그림 8-1

속된 4개의 숫자가 나와야 한다. 이때 모든 조합이 나올 가능성은 동일하다. 21-17-3-11이 나올 수도 있고, 19-16-33-30이 나올 수도 있다. 이렇게 무작위로 나오는 숫자는 눈에 띄지 않지만 1-2-3-4가 나오거나 36-36-36-36이 나오면 사람들은 깜짝 놀랄 것이다. 하지만 이 숫자들이 나올 확률은 다른 숫자들이 나올 확률과 같다. 숫자 4개가 특정하게 조합될 확률은 1,679,615분의 1이다. 이 확률은 불가능에 가깝다는 생각이 들 것이다. 하지만 모든 특정한 조합이 발생할 확률은 같다.

모든 기준을 고려해 설계가 매우 정교하게 이루어지고 그 설계가 최대한 충실하게 구현된다면, 이 합리성으로 우연을 극복할 수 있을까? 우연은 사람들의 설계에 어떤 영향을 미치는 것일까?

최대한 용도에 맞춰 설계된 선체가 있다고 가정해 보자. 설계자는 배수량(배가 밀어내는 해수의 무게—옮긴이), 배의 속도, 추진력, 배의 깊이, 폭, 길이, 조타 장치, 바닷물의 염도와 온도, 파도와 바람의 상태, 공기저항, 선체의 소재, 선체 표면 도장, 해양 생물, 부식 등 수많은 요소를 고려했을 것이다. 이런 요소가 미치는 영향은 컴퓨터를 이용해 예측할 수 있을 것이다. 선체의 횡단면과 종단면의 모양도 컴퓨터를 이용해 미리 시뮬레이션해 볼 수 있을 것이다. 선체의 곡선 구간은 선체의 뼈대 형태에 맞춰 만들 수 있을 것이다.

하지만 인간의 노력과 컴퓨터의 계산 능력을 모두 동원해도 적절한 선체의 형태를 정확하게 만들기는 거의 불가능하다.

선체의 횡단면은 복잡한 곡선으로 구성된다. 대략 U자 모양의 곡선이다. 이 횡단면은 배의 앞뒤 부분에서 서로 다 다르다. 배를 수직 방향으로 가르는 선들은 배의 최상층 갑판에서 용골keel(선박 바닥의 중앙을 받치는 길고 큰 재목—옮긴이)까지의 부분들을 조감도 형식으로 나타낸다.

유체역학 관점에서 볼 때, 배의 선체 형태는 물이 일으키는 난류에 의한 지체를 최소화할 수 있어야 한다. 배가 잔잔한 바다에서만 항해한다고 해도, 즉 바람과 파도의 모든 변수가 존재하지 않는다고 해도 완벽한 선체를 만드는 것은 불가능에 가깝다. 그 외에도 고려해야 할 요소가 무한히 많기 때문이다. 곡선 하나만 해도 무수한 형태로 변화할 수 있다. 이 변화의 범위는 좁지만, 그 좁은 범위 내에서 횡단면 하나하나가 무한하게 변화할 수 있기 때문이다. 우리에게는 최선의 해결책을 찾아낼 능력이 없다. 게다가 배가 통과하는 환경도 시시각각 끊임없이 변화한다. 또 선체가 가장 효율적이게 설계할 수 있는 일반적인 접근 방식에 관해서도 논란이 있다. 예를 들어, 유연한 선체가 가장 좋은 것이라고 주장하는 사람도 있다. 게다가 효능적인 설계가 이루어지려면 선체의 최종 형태에 추가적인 영향을 미칠 수 있는 다른 요소들, 즉 제작 비용과 운영 비용, 화물 운송 역량, 적재 화물의 배치 방식, 정박지의 환경 그리고 사람과 관계된 요소들을 고려해야 한다. 따라서 최종 결과는 현재 운행되고 있는 화물선처럼 기본적인 설계에 기초하지만 많은 부분이 우연에 의존해 만들어진 형태가 될 수밖에 없다.[44]

우연은 사물을 존재하게 하기도 하지만, 존재하지 않게 하기도 한다. 형태의 일반적인 방향은 유전(전통)과 기능에 의해 결정되지만, 그렇게 방향이 결정된 형태는 소재와 구조에 의해 수정되며, 그렇게 수정된 형태는 크기·

물리법칙·생태표현형적 효과에 의해 조절된다. 하지만 언제나 형태의 확정은 비합리적인 요소인 우연에 의해 이루어진다.

형태의 진화 과정은 특정한 기능적 문제에 적응하는 과정일 수 있다. 하지만 이때 이 특정한 기능적 문제는 이미 존재하는 제약 조건 아래에서도 해결될 수 있다. 이런 해결 방식 중 하나는 선택의 결과가 아니라 단순한 우연의 결과로 나타날 수 있다.

이론생물학자들은 변화의 발달 과정을 지형으로 표현해 우연의 경로를 설명하는 지형 모델을 구축해 사용한다. 이 모델에 따르면, 계통진화는 낮은 분지에서 시작된다. 계통진화 지형은 이 낮은 분지로부터 언덕, 회랑 corridor(폭이 좁고 길이가 긴 지대—옮긴이), 산을 지나 '선택적 정상adoptive peak'으로

그림 8-2 A, B, C

도리(소형 낚싯배), 등유 랜턴, 원숭이는 높은 수준의 정교함에 도달한 형태의 예다. 도리와 등유 랜턴은 발달을 멈췄지만, 원숭이는 수정과 점진적 개선을 통해 생존의 길을 계속 가고 있다. 1900년대에 만들어진 이 등유 랜턴(그림 8-2 B)은 심지 연소 방식의 랜턴이 수천 년 동안 기술적 개선을 통해 정점에 도달한 형태다. 이 등유 랜턴은 선택적 정상에 상당히 접근한 형태다. 심지 연소 방식 랜턴을 만드는 기술의 발달이 거의 중단된 것은 전구의 등장으로 심지 연소 방식 랜턴이 필요 없어졌기 때문이다. 경제 상황이 변화하면 심지 연소 방식의 등유 랜턴이 다시 필요해져 선택적 정상으로 계속 접근하게 될 수도 있다.

도리는 오랫동안 어부들에 의해 사용되어 왔다. 도리의 형태는 진화하고 개선되면서 현재의 형태에 이르렀다. 도리에 대해 잘 아는 사람들은 그것이 사용하기에 매우 편하고 내구성이 높은 뛰어난 배라고 생각한다. 현재 도리의 발달이 중단된 것은 낚시 방법이 변해 더는 필요가 없어졌기 때문이다.

그림 8-2 A

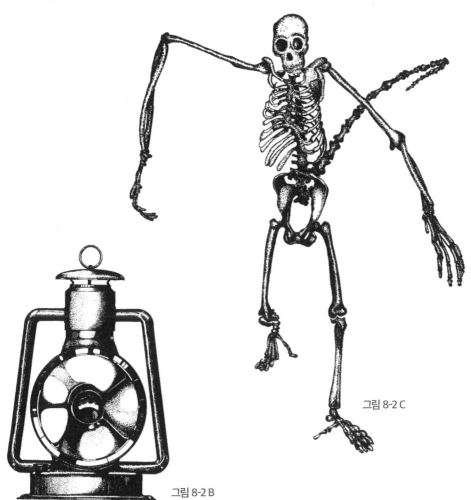

그림 8-2 B

그림 8-2 C

이어진다. 이 선택적 정상 중 어떤 것들은 다른 선택적 정상들에 비해 상당히 높다. 최적의 해결 방법에 가깝다는 뜻이다. 계통진화 지형은 자연선택을 통해 개선되는 동안에만 경사를 올라갈 수 있다.

특정한 높이에 이른 뒤 계통진화 지형이 내려간다는 것은 그것이 성공적으로 진행되지 않고 있다는 뜻이다. 즉, 이 움직임은 계통진화가 자연과 인간의 선택과 반대로 이루어지고 있다는 뜻이다. 하지만 계통진화가 다른 선택적 정상들보다 낮은 선택적 정상으로 올라가면 그것은 최적의 해결 방법과는 거리가 멀어도 그 선택적 정상에서 멈춰야 한다. 계통진화가 그 선택적 정상 주변의 더 높은 선택적 정상으로 올라가려면 그 선택적 정상에서 내려가 계곡에 닿은 다음 다시 올라가든지, 뒤로 움직여 다시 시작해야 한다. 이 상황에서 벗어나려면 지형 자체가 변화해 산이 무너지는 수밖에는 없다. 자연에서 이런 변화는 빙하기의 도래처럼 엄청난 환경적 변화다. 하지만 인간이 만든 구조물의 변화는 자연계의 변화처럼 큰 재앙을 가져오지 않으며, 사용 방법이 변화하거나 필요가 없어진 결과로 일어날 수 있다.

자연에 존재하는 모든 것은 가장 좋은 해결 방법을 보여주는 것이며, 자연에 존재하지 않는 것은 존재 자체가 불가능해서라고 생각하기 쉽지만, 항상 그런 것은 아니다. 동물의 발달 과정을 살펴보면, 발을 이용한 움직임의 진화는 순전히 우연에 의해, 지형 모델에 빗대어 보자면 '계곡에서 지체되다 산으로 올라간' 예라고 볼 수 있다. 걸어 다니는 모든 종의 계통진화가 지형 모델의 선택적 정상들로 올라간 예다. 땅 위에서 발로 이동하는 종 가운데 단 하나도 최적의 해결 방법에 다다르지 못했을 수도 있지만, 인류는 최적의 해결 방법에 다다랐고, 어쩌면 그 상태에서 한 발 더 높이 올라가고 있다고 말할 수도 있다. 완전히 새로운 움직임 형태는 새로운 동물계가 출현해야 가능할지도 모른다. 일부 연구자들은 가재의 집게발 진화 과정의 복잡성을 고려하면, 육상동물에게도 관성 의존 바퀴coasting wheel(타력으로 움직이는 바퀴—옮긴이) 형태의 진화가 일어날 수 있었을 것이라고 생각한다. 즉 바퀴가 4개인 수레의 앞바퀴나 자전거의 앞바퀴 같은 관성 의존 바퀴는 자연에 의해 만들어지기가 비교적 쉽지만, 자전거의 뒷바퀴처럼 동력을 받아야 움직이는 바퀴는 자연이 만들기가 어렵다고 생각한다. 이때 관성 의존 바퀴는 진화 과정이 발에 의존한 이동이라는 해결 방법(정상)에 먼저 도달한 뒤에 도달한 선택적 정상일 수 있다.[45]

또 다른 사례로는 돛이나 풍력을 이용해 물 표면에서 이동하는 생명체가 존재하지 않는다는 것을 들 수 있다. 매우 원시적인 형태의 해파리들이 이와 비슷한 방식으로 움직이긴 하지만, 완전히 발달한 정교한 생명체, 이 방식으로 자신의 움직임을 완전하게 조절할 정도로 진화한 생명체가 존재하지 않는다는 사실은 매우 놀랍다. 우연의 역할은 이렇게 크다.

인간이 만든 장치도 최적의 상태와는 거리가 먼 선택적 정상에 도달하는 예가 많다. 우리는 교통수단에도 가솔린 내연기관을 사용하고, 다양한 산업 분야에서도 가솔린 내연기관을 많이 사용한다. 하지만 가솔린 내연기관은 최적의 해결 방법과는 확실히 거리가 멀고, 선택적 정상에 매우 근접해 있는 것으로 보인다. 사용과 수요가 줄어들면서 가솔린 내연기관이 선택적 정상에서 내려와야 어떤 형태로든 변화가 발생할 것으로 보인다.

100개 남짓한 원소로 이루어지는 수만 개의 조합이 수십만 개의 자연의 힘과 인간들의 힘의 영향을 받아 수십억 종류의 환경에서 무한한 형태를 만들어낸다. 이 사실이 놀라운 것은 형태의 가능성이 엄청나게 다양하다는 사실 때문이 아니라 그렇게 적은 수의 원소에서 엄청나게 다양한 형태가 파생된다는 사실 때문이다.

　　원소들과 원소들의 조합들을 분류하는 일은 그 원소들과 조합들을 만들어내는 엄청나게 다양한 힘들을 분류하는 일에 비하면 쉬운 일이다. 이 책에서 우리는 그 수많은 힘 가운데 아주 일부만 다뤘다. 이 책에서는 그 힘들에 대해 아주 간략하게만 논의했다고 할 수 있다. 이 힘들이 이루는 시스템과 이 힘들의 크기는 무한대에 이를 정도로 다양하기 때문이다. 어쩌면 우리가 경탄해야 하는 것은 형태의 다양성이 아니라 형태를 다양하

그림 8-3

더 나은 형태로 진화하는 모든 형태, 즉 더 많은 선택을 받게 되는 모든 형태는 항상 상승 경로를 따른다. 이렇게 진화하는 형태는 낮은 지점에서 시작해 높은 지점으로 계속 상승한다. 이 상승 과정에서 이 형태는 다른 언덕이나 산으로 이끄는 수많은 분기점을 만난다. 이 분기점 중에는 매우 높은 산으로 이 형태를 유도하는 것도 있고, 그보다 훨씬 더 높은 산으로 유도하는 것도 있다. 분기점에서의 선택은 오직 우연에 의해서만 이루어진다. 일단 형태가 경사면에 도달하면 역방향으로는 진행이 불가능하다. 선택 과정은 '더 나은' 해결 방법이 있는 방향, 즉 더 높은 정상이 있는 방향으로만 진행되어야 하기 때문이다. 형태가 정상에 이르면 발달은 중지되어야 한다. 이미 최선의 형태에 도달했기 때문이다. 다른 형태들은 정상에 이르는 길에서 버려질 수 있다. 형태의 사용이 중단되면서 선택적 과정도 멈췄기 때문이다.

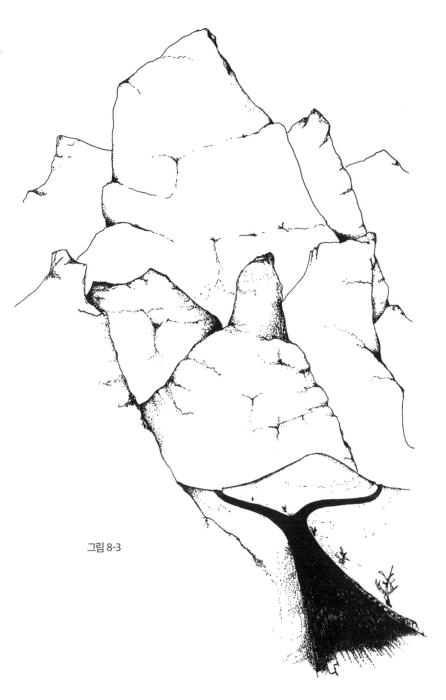

그림 8-3

게 만드는 힘들의 상호 관계일지 모른다. 지구의 구성 물질들이 압축되고, 평평해지고, 뒤틀리고, 구멍이 나고, 늘어나고, 침식되고, 갈라지고, 부드럽게 변화하는 것은 모두 이 힘들의 상호 관계에 의한 현상이기 때문이다.

인간이 자연으로부터 배워 만들고 영향력을 확대한 것들은 자연에 존재하는 것들보다 훨씬 더 유연하다. 우리가 한 번도 도달하지 못했지만 반드시 도달해야 하는 선택적 정상은 수없이 많다. 우리는 좋은 것을 나쁜 것으로, 효율적인 것을 비효율적인 것으로 바꾸지 않도록 주의해야 한다. 최적의 해결 방법에 미치지 못하는 것들을 다시 평가하고, 새롭고 더 나은 것들을 만들어내기 위해서는 사고의 명확성과 전체 관찰을 통한 이해가 반드시 필요하다.

고려가요 〈정석가〉에는 이런 구절이 나온다. "구스리 바회예 디신돌／구스리 바회예 디신돌／긴힛든 그츠리잇가／즈믄 히롤 외오곰 녀신돌／즈믄 히롤 외오곰 녀신돌／신信잇든 그츠리잇가.(구슬이 바위에 떨어진들／구슬이 바위에 떨어진들／끈이야 끊어지겠습니까／천 년을 외로이 살아간들／천 년을 외로이 살아간들／믿음이야 끊어지겠습니까.)"

〈정석가〉의 이 구절은 '불가능한' 상황 설정을 통해 임과 이별할 수 없다는 의지를 표현하고 있다. 크리스토퍼 윌리엄스는 이 불가능한 상황이 실제로 일어나는 물리적 세계에 대한 통찰을 《형태의 기원》을 통해 제공하고 있다. 1838년 베네치아의 조각가 주세페 데 파브리스Giuseppe de Fabris가 만든 성 베드로 동상이 신자들이 오랫동안 만지고 지나간 결과 오른발 부분에 구멍이 생긴 예를 들며, '제거'라는 개념에 관해 설명한다. 우리가 평소에는 거의 의식하지 못하고 지나치는 현상들 또는 너무 당연해 보여주의를 기울이지 않는 현상들을 저자는 마치 날카로운 메스를 든 외과 의사처럼 정밀하게 파고든다. 따라서 이 책은 모든 평범한 것들을 평범하지 않은 시선으로 바라보고, 주목되지 않는 모든 것에 주목한 외골수 학자가 자신의 삶에서 얻은 평범하지 않은 통찰을 모두 집대성한 결과로 볼 수도 있다.

하지만 저자의 이런 특별한 시선은 미세한 세계(소우주microcosm)에 국한되지 않는다. 저자는 미세한 세계에서 일어나는 현상들을 거대한 세계(대우주macrocosm) 차원으로 격상하기도 하며, 거기서 한 발 더 나아가 사람들이 '구축된 환경'의 장벽을 넘어 영감을 얻을 수 있는 것이 무엇인지 생각해야 한다고 강조하기 때문이다.

어쩌면 저자는 우리가 상상하고 있는 세계, 우리가 당연히 그럴 것이라고 추측하는 세계를 무너뜨리고 있는지도 모른다. 저자는 한 세계가 무너져야 그 세계와는 전혀 다른 세계가 열릴 수 있다고 생각하는 것 같다. 물론 여기서 세계는 물리적·화학적 세계가 아니라 '인식의 세계'다.

하지만 이런 새로운 인식의 세계를 열기 위해 저자는 기존의 과학 원리와는 전혀 다른 법칙이나 원리를 제시하지는 않는다. 알베르트 아인슈타인Albert Einstein은 상대성원리를 발견한 뒤 다음과 같이 말한 것으로 전해진다. "나의 모든 발견은 전자기학 법칙을 발견한 제임스 맥스웰James Maxwell의 어깨 위에 내가 앉아 있었기 때문에 가능했다." 새로워 보이는 저자의 통찰도 그동안 인류가 발견한 과학법칙에 철저하게 그 뿌리를 두고 있다.

한 예로, 저자는 인류가 아주 오래 전에 발견한 '역학적 상사' 법칙을 들고 있다. 역학적 상사 법칙은 공학자들에게는 매우 익숙한 개념이지만, 일반인들은 이 법칙의 중요성을 잘 알지 못한다. 하지만 사실 역학적 상사 법칙은 매우 직관적인 법칙이다. 예를 들어, 자동차나 건물은 사고나 천재지변 등으로 처참하게 부서질 수 있지만, 장난감 자동차나 모형 건물은 같은 비례의 힘을 받아도 그리 심하게 부서지지 않는다. 기하학적으로 형태가 같아도 크기가 큰 것은 상대적으로 취약하기 때문이다. 저자는 이런 역학적 상사 법칙이 우리가 사는 세상에서 구체적으로 어떻게 적용되는지, 어떤 물리적·역학적 외부 요인이 작용해 이 법칙이 구현되는지 정밀하고 세밀하게 설명한다.

이 책의 전반을 관통하고 있는 또 다른 키워드는 '흐름'이다. 고대 그리스의 철학자 헤라클레이토스Heraclitus of Ephesus는 "모든 것은 변화하고 흐른다(Omnia mutantur; omnia fluunt)"라는 말로 흐름의 중요성을 역설한 바 있다. 이 말은 주로 "사람은 같은 강물에 두 번 발을 담글 수 없다"라는 의미로 해석된다. 하지만 저자는 물리적 형태들이 공시적·통시적으로 실제로 흐른다는 점을 부각한다. 저자는 자연의 사물이든 사람이 만든 사물이든 사물의 형태가 이 흐름에 의해 결정되며, 사물의 기능도 이 흐름을 따라 진화한다고 본다. 프랑스 북부 노르망디 해안에 있는 유명한 관광지 몽생미셸은 1976년에 개봉해 우리나라에서도 크게 인기를 끈 영화 〈라스트 콘서트〉의 배경이기도 하다. 우리는 몽생미셸의 아름다운 경관을 배경으로 한 주인공들의 사랑 이야기에 감동하지만, 저자의 시선은 흐름에 의해 형성된 몽생미셸의 지형에 닿아 있다. 같은 사물을 바라보는 다른 시선을 느끼고 공감해 볼 수 있는 경험이야말로 이 책이 우리에게 주는 가장 큰 선물이 아닐까 싶다.

2023년 3월
고현석

1 물질은 기본적으로 원소와 화합물(compound)로 나뉜다. 원소는 가장 간단한 형
태의 물질이며, 끓는점·녹는점·밀도·경도·연성·압축성 같은 특성이 서로 다르
다. 원소는 일반적인 화학적 방법으로 분해되거나 더 단순화될 수 없다. 철, 알루
미늄, 칼슘은 기본적인 원소다. 화합물은 특정한 무게 비율로 결합된 2개 이상의
원소로 구성된다. 화합물이 형성되려면 화학반응을 통해 원소들이 결합되어야
한다. 예를 들어, 소금은 나트륨과 염소의 화학반응으로 만들어지는 화합물이다.
혼합물(mixture)은 2개 이상의 원소가 특정한 무게로 결합하지 않고 무작위로 섞
여 만들어지며, 특정한 화학적 구조를 가지지 않는다는 점에서 화합물과 다르다.
혼합물은 형성되거나 사라질 때 화학반응이 필요 없다.

　　Kenneth Oakley in Charles Singer, E./. Holmyard and A. R. Hall, *A History
of Technology*, Vol I(London : Oxford University Press, 1956), pp. 10-11.

2 기체, 액체, 고체는 서로 명백하게 달라 보인다. 하지만 어떤 물질들은 기체가 아
닌데도 기체로, 액체가 아닌데도 액체로, 고체가 아닌데도 고체로 보이기도 한다.
특정한 환경에서 두 상태의 중간 상태에 있는 것처럼 보이는 물질도 있다. 예를
들어, 유리는 액체 상태에서 고체 상태로 점차 이동하기 때문에 그것이 정확하게
어떤 상태에 있는지 말하기가 불가능하다. 다음은 고체, 액체, 기체에 관한 기본

적인 정의다.

고체는 명확한 모양과 부피를 가지며, 압축력·인장력·전단력에 저항한다(이 용어들의 정의는 2장을 참고하라). 하지만 고체는 시간이 지나면서, 그리고/또는 충분한 힘의 작용으로 세 가지 힘 모두에 굴복한다. 고체는 일정한 부피를 가지고 있다는 점에서 액체와 비슷하다. 하지만 고체는 형태를 유지하기 위해 측면 지지물체, 즉 용기가 필요하지 않다. 고체는 확실한 모양을 가지고 있다는 점에서 액체와 기체 모두와 다르다.

액체는 부피를 가진다는 점에서 고체와 유사하지만, 짧은 시간에 힘을 아주 적게 가해도 용기 모양으로 흐른다. 느리게 흐르는 액체는 전단력에 저항하지 않는다. 점성이 높은, 즉 흐르는 경향이 큰 액체일수록 그리고 액체에 가해지는 힘의 속도가 클수록 전단력에 대한 저항이 커진다. 용기에 담긴 액체는 압축력에는 저항하지만 인장력에는 저항하지 않는다.

기체는 일정한 부피와 모양을 갖지 않는다. 따라서 기체는 어떤 형태, 어떤 크기의 용기 안으로도 흘러 그 용기를 채울 수 있다. 기체는 무한히 팽창할 수 있으며, 팽창할수록 밀도가 낮아진다. 모든 기체는 충분히 냉각되고 압축되면 액체나 고체로 응축된다. 온도가 상승하면 부피가 증가한다. 기체는 압축력에는 저항하지만, 인장력에는 저항하지 않는다. 기체는 느리게 움직일 때는 전단력에 저항하지 않지만, 빠르게 움직일수록 전단력에 대한 저항이 커진다. 액체와 기체를 합쳐 유체(fluid)라고 부른다.

3 지질학은 보편적인 지식을 제공한다. 모든 에너지와 물질은 높은 상태에서 낮은 상태로, 많은 상태에서 적은 상태로, 산 상태에서 죽은 상태로, 젖은 상태에서 마른 상태로, 열이 있는 상태에서 열이 없는 상태로 이동해 평형을 이룬다. 진화의 법칙, 세계의 법칙, 엔트로피의 법칙이 바로 이것이다. 엔트로피는 모든 종류의 에너지와 잠재적 에너지가 소비되는 과정에서 증가한다. 엔트로피의 증가는 노화하는 우주의 정해진 운명이다. 엔트로피가 계속 증가하면서 우주는 혼돈과 무질서의 상태를 거쳐 모든 것의 온도가 동일해지고, 에너지와 일이 존재하지 않게 되고, 모든 것이 움직이지 않고 균일해져 결국 사망 상태에 이른다.

엔트로피는 시스템이 자발적인 열 변화를 겪을 수 있는 역량을 측정하는 단위라고 간단하게 정의할 수 있다. 열역학 연구는 우주의 노화 과정 전체와 직접적으로 관련되어 있다. 열역학은 물질, 에너지, 시간을 다루기 때문에 가장 기본적인 과학 분야라고 할 수 있다. 열역학은 다음의 세 가지 법칙에 기초한다.

1. 열은 일로, 일은 열로 전환될 수 있다. 일의 양은 항상 열의 양과 같다. 열은 에너지로 표현할 수 있다. 2. 두 물체 사이에서 자생적이고 지속적인 과정으로서 자유로운 열 교환이 일어날 때, 열은 항상 더 뜨거운 물체에서 더 차가운 물체로 전달된다. 3. 모든 물질은 온도가 절대영도에 가까워질수록 엔트로피(일을 할 수 있는 에너지의 가용성)가 0에 근접한다.

공간에서 뒤로 또는 앞으로 이동하는 것은 가능하지만, 열역학 제2법칙 때문에 시간은 한 방향으로만 이동한다. 열은 항상 뜨거운 물체에서 차가운 물체로 이동한다. 열은 반대 방향으로는 이동할 수 없다. 공이 창문에서 떨어져 땅에 부딪히면, 그로 인해 적은 양의 열이 공기 중으로 흩어진다. 만약 시간이 거꾸로 흐른다면 이 공은 땅과 부딪힌 지점에서 튀어 올라 창문으로 다시 들어갈 것이다. 열역학 제2법칙에 따라 열은 다시 흡수될 수 없으며, 행동도 돌이킬 수 없다. 따라서 시간과 우주는 오직 한 방향으로만 움직인다.

4 조직화된 구조도 없고, 확실한 형태도 없는 물질도 존재한다는 사실에 주목해야 한다. 결정구조가 없는 광물을 무정형(amorphous) 광물이라고 부른다. 무정형 광물은 진흙, 석회암, 유리 같은 고체 형태를 띤다. 결정구조가 있는 물질은 기계적·화학적 방법으로 분해하면 결정구조가 없어져 무정형 고체가 된다. 분자보다 큰 입자로 구성되고 결정구조가 없는 물체를 콜로이드(colloid)라고 부른다. 콜로이드는 액체 상태나 반쯤 액체인 상태 또는 기체 상태로 존재할 수 있다. 우유, 마요네즈, 연기는 모두 콜로이드이다. 유기체의 조직은 콜로이드 상태의 덩어리로 보이지만, 이 덩어리 안은 정교하게 구조화된 세포벽에 둘러싸여 있다.

5 마찰은 한 표면이 다른 표면을 스치거나 그 위를 구를 때 발생하는 저항이다. 인간에게 마찰은 유용하기도 하지만 부담이 되기도 한다. 마찰이 없다면 자동차 타이어는 차를 앞으로 움직이거나 멈추게 할 수 없고, 운전자의 손은 핸들을 제어할 수 없을 것이고, 운전자는 좌석 위에서 제자리를 유지하는 데 어려움을 겪을 것이다. 하지만 마찰이 없다면 자동차 엔진은 거의 닳지 않을 것이다. 마찰 제어

에서 가장 중요한 두 요소는 표면의 상태와 압력이다. 압력이 과도하거나 표면이 거칠면 마찰이 많이 발생하면서 열도 함께 발생한다.

6 서로 다른 종류의 소재들의 교차와 교차가 소재들에 미치는 영향에 대해 생각할 필요가 있다. 개스킷(gasket, 가스·기름 등이 새어 나오지 않도록 파이프나 엔진 등의 사이에 끼우는 마개—옮긴이)은 맞닿는 기계 부품들의 표면에 있는 약간의 흠을 메움으로써 기계 부품들이 더 견고하게 접합되게 한다. 재료를 코팅하거나, 재료에 페인트를 칠하거나 케이스나 막을 씌우는 일은 모두 그것을 사용 환경에 맞추는 데 도움을 준다. 어떤 물질들은 산화함으로써 자신의 표면 변화를 통제해 사용될 때 발생하는 마모와 화학반응에 대한 저항성을 높인다. 산화는 추가적인 산화를 억제하는 역할을 하기 때문이다.

7 소재의 종류와 마모 작용의 종류에 따라 마모된 표면에서 제거된 물질은 불규칙하게 다시 쌓이기도 한다. 이렇게 쌓인 물질들은 표면 전체를 매끄럽게 해 표면에 광택이 나게 한다. 제거된 물질들은 한곳에 고정되지 않고 마찰을 일으키기도 하며, 그로 인해 표면의 마모가 더울 빨라질 수 있다.

8 일반적으로 윤활제는 액체다. 박막 윤활제는 표면에 더 잘 침투해 분자 두께 정도의 얇은 윤활 막을 만들어낸다. 박막 윤활제는 빠른 속도로 움직이는 기계 부품에 효과적이며, 그리스 같은 유체막 윤활제는 느리게 움직이는 기계 부품, 무거운 부품에 효과적이다. 이 두 윤활제는 모두 마른 상태에서 마찰을 줄인다. 기름이나 그리스의 '미끄러운 성질'은 분자 구성, 점성, 흐름에 대한 저항 성향 등으로 결정된다. 반면 알코올이나 에테르 액체에는 윤활제의 특성이 거의 하나도 없다. 흑연이나 활석 같은 건식 윤활제의 '미끄러운 성질'은 구성 입자들의 모양으로 결정된다.

9 엔지니어들이 구조를 건축할 때 반드시 고려해야 하는 몇 가지 하중이 있다. 기본적으로, 구조물은 자체가 특정한 무게를 가진다. 이 무게를 고정하중이라고 한다. 반면 활하중은 다리를 건너는 차량, 건물에 있는 사람과 가구의 무게 등 구조물에 의해 지지되는 일시적이고 이동 가능한 물체가 가진 하중을 말한다. 동적하중(dynamic load)에 속하는 충격하중(impact load)과 공명하중(resonate loading)은 비정상적인 상황에서 발생한다. 큰 건물은 풍하중(wind loading)을

견딜 수 있는 구조여야 한다.

10 자전거를 타는 사람에서 땅으로 무게가 이동하는 경로를 살펴보자. 자전거 바큇살은 인장력의 지배를 받기 때문에 아래에서 무게를 지탱하지 못하며, 무게에 매달려 있어야 한다. 자전거를 타는 사람의 몸무게는 자전거 프레임을 통해 자전거 바퀴의 축으로 전달된다. 그 후 이 무게는 자전거 바퀴의 맨 위쪽 바큇살들에 의해 지탱되다 자전거 바퀴의 테두리를 거쳐 땅으로 전달된다.

11 무게를 지탱하면 막대는 구부러지겠지만, 인장력에 의해 무게를 매달고 있는 막대는 구부러지지 않는다. 하지만 이론적으로는 순수한 압축에 의해 막대가 구부러지는 것을 막을 수 있는 방법이 있다. 막대의 구성 재료들이 전체적으로 강도가 완전히 동일하고, 막대가 완벽한 크기로 만들어지고, 모든 구성 재료가 똑같은 하중을 받아 똑같은 정도로 저항한다면 막대가 아무리 길고 얇아도 압축에 의해 구부러지거나 부러지지 않을 것이다. 막대가 구부러지는 것은 막대에 이런 균일성이 없기 때문이다. 물론 절대적으로 균일한 상황은 불가능하다. 일반적인 상황에서는 막대를 측면에서 지지하는 물체를 통해 막대가 더 많은 하중을 감당할 수 있게 만든다. 이 문제는 압축력 측면에서 생각하는 것보다 장력을 이용하면 해결할 수 있다.

12 내골격을 가진 모든 동물은 필요에 맞게 적응된 뼈들을 가지고 있다. 예를 들어 박쥐는 인간이 가지고 있는 모든 뼈에 해당하는 뼈를 가지고 있지만, 뼈들의 비율이 완전히 다르다. 박쥐의 골반뼈는 팔꿈치 관절과 거의 같은 크기이고, 다리뼈는 팔뼈보다 훨씬 작으며, 박쥐의 뼈 중에서 가장 긴 뼈는 인간의 검지 뼈에 해당한다.

13 벅민스터 풀러는 이 세 가지 기본 구조를 이렇게 말했다. "자연의 가장 적은 노력으로 만들어지며, 모든 구조와 각이 대칭을 이루는 경우는 세 가지밖에 없다. 각 꼭짓점에서 3개의 삼각형이 만나는 사면체, 각 꼭짓점에서 4개의 삼각형이 만나는 팔면체, 각 꼭짓점에서 5개의 삼각형이 만나는 이십면체. 꼭짓점에서 6개의 삼각형이 만나는 3차원 구조는 존재할 수 없다. 이런 일은 평면에서만 가능하다." 풀러는 이 기본적인 세 가지 3차원 구조에 대해 또 이렇게 덧붙였다. "이 세 가지 기본적인 구조 중에서 단위 부피당 표면적이 가장 넓고 구조 요소가 많은 것은 사면체다. 따라서 사면체는 단위 부피당 구조의 강도가 가장 높다. 반면, 이십면

체는 단위 부피당 구조 요소가 가장 적다. 이십면체는 가장 약한 구조이지만, 구조적으로 안정적이기 때문에 구조 요소를 적게 사용해도 가장 큰 부피를 만들어 낼 수 있다." R . Buckminster Fuller, *Synergetics*(New York: Macmillan, 1975)에서 인용.

14 구는 최소한의 표면적으로 최대한의 내부 공간을 확보할 수 있는 유일한 형태다. 반구와 반구를 다양하게 변형해 만든 구조인 돔은 구의 특성 중 일부를 지니며, 인간의 주거에 매우 적합한 구조이기도 하다. 하지만 돔은 작은 규모보다 큰 규모에 더 적합하다. 돔 형태는 작은 크기의 실내 공간에는 적합하지 않다. 벽이 휘기 때문이다. 작은 돔에서는 건축 자재를 적용하는 것도 어렵다. 건축 자재들은 90도가 아닌 다른 각도로 크게 구부러진 표면에 맞추기가 쉽지 않기 때문이다. 돔의 규모가 커지면 이런 문제는 발생하지 않는다.

15 모든 구조물은 두 가지 범주로 나뉜다. 자전거 바퀴나 돛단배 같은 독립적 구조물과 현수교나 거미줄처럼 환경에 의존해 구조를 유지하는 종속적 구조물이다.

16 고대 그리스의 건축가 중 일부가 아치를 사용했다는 증거가 있긴 하다. 하지만 대부분의 고대 그리스 건축가들은 아치의 중요성을 인식하지 못했다.

17 D'Arcy Thompson, *On Growth and Form*, Vol. I(Cambridge: Cambridge University Press, 1959), p. 51에서 인용.

18 인간의 위는 수백만 개의 세포로 구성되지만, 쥐의 위는 훨씬 더 적은 수의 세포로 구성된다. 현미경으로만 관찰할 수 있는 미세한 동물인 담륜충(rotifer)의 원시적인 소화계는 매우 적은 수의 세포로 구성되지만 다른 동물들의 소화계와 기본적으로 동일한 소화 기능을 수행한다. 세포의 크기와 기관의 크기 사이의 관계는 동물 눈의 간상세포와 원추세포에서 훨씬 더 두드러지게 나타난다. 동물 눈의 크기는 몸의 크기에 비례해 변하지 않는다. 작은 생물은 큰 생물보다 비례적으로 더 큰 눈을 가지고 있다. 이는 눈이 빛의 파장에 주로 반응하기 때문이다. 광학적인 측면에서만 보면, 큰 눈은 작은 눈보다 나을 것이 없다. 구슬 크기의 눈과 야구공 크기의 눈이 수집할 수 있는 시각 정보의 양이 같다는 뜻이다.

19 아프리카 바오바브나무는 부드럽고 구멍이 많은 나무로 엄청나게 크게 자란다. 이 나무들 중 더 큰 것은 커다란 구근 모양의 줄기와 매우 두꺼운 가지를 가지고

있다. 이 부드러운 나무의 가지가 굵은 것은 중력에 대항하는 구조를 가지기 위해서다. 생명체의 형태는 작아질수록 중력의 영향을 덜 받는다. 몸집이 큰 포유류는 골격도 크고, 골격이 크기 때문에 몸의 외부 면적도 크다. 몸집이 큰 포유류는 몸통과 팔다리가 확실하게 구분되지 않는다. 곤충이 내골격 구조를 가지지 않는 것은 실용적이지 않기 때문이다. 따라서 곤충에서는 껍질이 몸의 구조를 형성하는 역할을 한다. 곤충의 몸은 딱딱한 껍질로 싸여 있기 때문에 부분들 사이의 구분이 명확하다. 예를 들어, 곤충의 몸은 복부와 다리의 구분이 명확하다. 동물은 크기가 작아질수록 구 형태에 근접한다. 예외가 존재하기는 하지만, 미세한 동물들은 대부분 완벽한 구의 형태 또는 알의 형태를 띤다.

20 동물의 크기 및 열 보존과 관계된 동물의 신진대사와 습성에 관련된 원칙들은 베르그만의 법칙(Bergmann's Law)을 참고하라.

D'Arcy Thompson , *On Growth and Form*(Cambridge: Cambridge University Press, 1959), Vol I, p. 34에서 인용.

21 "형태는 기능을 따른다"라는 말은 예술가이자 비평가인 허레이쇼 그리노(Horatio Greenough)가 처음 한 말인데, 후에 건축가 루이스 설리번(Louis Sullivan)과 프랭크 로이드 라이트가 널리 알렸다. 이 말은 예술, 특히 건축이 화려하고 장식적으로 흐르는 경향에 대한 반응의 일환으로 나왔다. 그 후 이 말은 기능주의자(Functionalist)들의 모토가 되었다.

22 자연에 의한 설계에 대해서든 인간에 의한 설계에 대해서든, 기능주의 관점은 실용적인 설계를 가장 중요하게 생각한다. 데이비드 파이(David Pye)가 지적했듯이, 전선 철탑을 대리석 탑으로 만들어도 전기를 수송하는 데 사용하면 별 차이가 없을 것이다. 하지만 우리는 대리석 탑은 장식적이고 철탑은 실용적이라고 생각한다. 그렇다면 대리석 탑과 철탑의 차이는 무엇일까? 답은 철탑을 짓는 데 드는 비용이 훨씬 더 적다는 데 있을 것이다. 경제성이 설계의 중요한 개념 중 하나인 이유가 여기에 있다.

23 R. A . Salsman in Charles Singer, E. J. Holmyard, and A . R. Hall, *A History of Technol-ogy*, Vo l. III (London: Oxford University Press, 1956) pp. 116-117에서 인용.

24 자연에는 하나의 물체가 여러 용도로 쓰이는 예가 많다. 동물들의 이빨, 뿔, 발톱, 엄니, (코끼리의) 코는 하나의 목적을 위해서만 사용되지 않고 먹고, 싸우고, 구애하고, 땅을 파고, 들어 올리고, 기어오르는 데 두루 사용된다. 이런 예는 매우 흔하다. 이와는 대조적으로, 특화도 매우 흔하게 일어난다. 먹이를 먹기 위해 길게 늘어난 새의 부리와 끈적끈적하게 진화한 개미핥기의 혀가 전형적인 예다.

25 David Pye, *The Nature of Design*(New York: Reinhold Publishing Corporation, 1964)에서 인용.

26 인간의 설계는 단순하고 명료한 설계에서 난해한 설계로 점차 변화한다. 이 과정에서 기능은 필요 없는 장식적 측면에 매몰되며, 그 장식적 측면과 충돌하기도 한다. 고대 그리스의 도리아 양식은 이오니아 양식과 코린토스 양식의 장식적인 측면에 직접적인 영향을 받아 그 측면에 거의 매몰되다시피 했다. 최초의 자동차는 기능에 충실한 형태였지만, 시간이 지나면서 자동차 설계에서 기능은 외형에 매몰되고 있다. 가재의 집게발이나 에스키모의 카약은 외형만 봐도 목적을 확실하게 알 수 있도록 만들어졌다.

27 강의 상류를 향해 헤엄치는 연어는 칼로리, 시간, 거리 측면에서 가장 효율적인 이동을 하는 물고기다. 이 연어 다음으로 효율성이 높은 것이 자전거를 탄 사람이다. 가장 효율성이 낮은 것들로는 자동차, 암소, 설치류, 보행하는 사람 등이 있다.

효율성이 높고 우아한 설계를 보여주는 것들로는 매코믹 수확기, 조면기(면화에서 솜과 씨를 분리하는 기계─옮긴이), 카약, 활과 화살, 현수교, 등산 장비, 곡괭이, 연, 글라이더, 조정 경기용 보트, 낫, 가위, 파이프렌치, 눈썰매, 말 한 마리가 끄는 썰매, 우산, 숟가락, 볼펜 등이 있다. 아마도 설계의 우아함이 극단적으로 표현된 것은 자체 장치를 통해 자동으로 자신을 제어하는 기능 시스템인 자기 조절 시스템일 것이다. 대부분의 동물은 혈액과 땀샘의 배치를 조절함으로써 체온을 자동으로 조절하는 열 조절 장치를 가지고 있다. 가열로와 결합된 온도 조절 장치(thermostat)는 자체 조절 장치(피드백 제어 장치)다. 단순하면서 우아한 설계의 또 다른 예는 루마니아 남서부의 산악 공동체에서 찾을 수 있다. 이 지역의 겨울은 춥고 습하고, 여름은 건조하고 덥다. 사람들은 판자들이 서로 잘 맞도록 홈을 파서 집을 덮는다. 이 지붕널은 습기 변화에 매우 잘 반응하는 목재로 만들어지기 때문에 젖으면 팽창하고 건조하면 수축한다. 이 지붕널은 겨울에는 팽팽하게 확장되어 열기를 차단하며, 여름에는 말라서 수축되어 바람이 집 안으로 들어올 수 있게 한다.

28 David Bohm in C. H. Waddington , *Towards a Theoretical Biology*, Vol. II(Edinburgh : Edinburgh University Press, 1969) p. 43에서 인용.

29 지능은 우리가 환경 변화에 대처하기 위해 사용하는 수단이지만, 생존을 위한 유일한 수단은 아니다. 동물들은 인간처럼 개체가 개별적으로 지식을 축적하지 않고도 수백만 세대를 거치면서 정교하게 다듬어진 본능과 유전을 통해 집단을 성공적으로 유지한다.

30 초기 기술로 만들어진 제품은 대부분 인간의 환경을 개선하는 데 도움을 주었다. 이런 환경 개선의 목표 중 하나는 육체노동을 줄이는 것이었다. 인간의 근육이 가진 힘은 최초의 기술 제품을 위한 동력원 중 하나였다. 그 후로 인간의 목표에 부리기 위해 길들여진 동물들이 등장했다. 도구와 기계는 동물의 에너지를 일로 바꾸기 위해 혁신되었다. 움직이는 공기와 떨어지는 물은 대규모로 사용된 최초의 무생물 원동기(풍차와 물레방아)였는데, 더 정교해지면서 기계와 결합되었다. 그 후 수백 년 동안은 나무와 석탄을 태워 얻은 증기가 주요 동력원이었다. 19세기 초에는 석유가 주요 동력원의 자리를 차지했다. 다음에는 어떤 것이 주요 동력원이 될지 아직 확실하지 않다. 아마 여러 후보가 있을 것이다. 인간이 손과 수공구로 하던 일을 이제는 스스로 자기 행동을 통제하는 기계가 하고 있다.

31 놀랍게도, 오늘날에도 기술 확산에서 벗어난 몇몇 인간 사회가 여전히 존재한다. 이 사회들은 인류의 축적된 지식과는 분리된 채 지구상에 흩어져 있다. 어쩌면 작은 마을의 인구보다 구성원이 적을 수도 있지만, 각각의 사회는 선형적 사회의 완전한 문화, 전통, 언어 및 유물의 역사의 잔재를 나타내기 때문에 그들의 미세한 진화가 중요한 의미를 가진다. 타사다이(Tasaday) 인디언 부족이 이런 사회의 예다. 25명 정도 되는 타사다이 부족민은 생명전자공학과 인공지능의 시대에 뉴기니의 숲 속에서 석기시대의 삶을 살아가고 있다.

32 이런 기술들의 잔류 효과가 다 부정적이지는 않다. 일부 효과는 매우 유용하기도 하다. 발명과 새로운 기술의 통합 사이의 지연은 때로는 긍정적으로 작용하기도

한다. 통풍 조절 장치(damper)와 같은 역할을 하기 때문이다. 이 장치는 너무 자유롭고 빠른 응답을 억제하므로 제어되지 않은 에너지의 이동 또는 에너지 수준이 한 극단에서 다른 극단으로 요동치는 것을 방지한다. 현재까지 지속되는 과거 세대의 영향력은 잘못된 시작, 일시적·분야적 해결책을 연결하는 방해자 역할을 하는 경향이 있으며, 따라서 중요하고 보편적인 기여만이 기술의 흐름에 스며들 수 있다. 전 세계 발명품의 절반은 1965년 이후에 발명되었다. 이런 속도로 발명품들의 사회 진입 속도는 계속 빨라지며, 그로 인해 제품 간 품질 격차가 점점 더 커지고 기술은 더 짧은 기간 내에 발달하게 된다.

Siegfried Giedion, *Mechanization Takes Command*(New York: Oxford University Press, 1948), p. 152에서 인용.

33 'eco'는 생태, 'phenotype'은 표현형이라는 뜻이다. 표현형은 생물체의 발생과 성장 과정에서 자연환경과 상호작용하여 나타나는 특징을 뜻하며, 유전되지 않는다. 생물체는 표현형 외에도 유전형(genotype)을 가진다. 유전형은 DNA가 지니는 유전정보로 결정되는 형질을 뜻한다. 계통발생(phylogenesis)은 식물과 동물의 문(phylum)의 진화적 발달을 뜻한다. 개체발생(ontogeny)은 수정란이 난할·세포분화·조직분화·형태형성 운동 등으로 성체와 같은 형태를 가진 개체로 성장하는 것을 말한다.

34 Siegfried Giedion, *Mechanization Takes Command*(New York: Oxford University Press, 1948), p . 46에서 인용

35 올리버 에번스(Oliver Evans)라는 매우 독창적인 미국인은 전자동 생산 시스템을 고안했다. 이 곡물 제분 기계는 1785년에 만들어졌는데, 에번스는 5개의 알려진 발명품을 결합해 이 시스템을 만든 다음 제분 일을 하던 사람들을 집으로 돌려보냈다. 대부분의 미국 제분소가 그렇듯 에번스의 제분소도 물을 동력으로 사용했으며, 바퀴는 연마석으로 작업할 때만 동력을 공급했다. 이 시스템은 제분과 관련된 다른 모든 작업을 수행할 수 있을 만큼 충분한 전력 잉여를 창출했다. 그때까지는 사람이 곡식을 자루에 담아 농부의 마차에서 제분소 꼭대기까지 운반했다. 에번스는 이 작업을 컨베이어와 양동이로 대체했다. 농부는 곡식을 이 양동이에 담기만 하면 되었다. 또 에번스는 사람이 하던 갈퀴 작업도 기계가 하도록

만들었다. 두 번째 컨베이어는 곡물을 수평으로 이동시켰고, 아르키메데스의 나사는 곡물을 연마석으로 이동시켰다. 이 시스템은 사람의 개입 없이도 물레방아 바퀴 하나만으로 완벽하게 운영되었다.

36 15명이 15개의 부품을 만드는 것은 전문화나 분업의 극단적인 예라고 할 수 없다. 하나의 부품을 12명이 같이 만든 예도 있었기 때문이다.

37 생산 라인 위에서 움직이는 컨베이어가 부품 조립 위치들을 통과함으로써 제품이 완성된다. 각각의 부품 조립 위치에서 사람들이 부품을 조립하게 만드는 식이다. 이 부품 조립 과정이 사람에 의해 이루어지는 것은 조립에 복잡한 조작이 필요할 때가 많기 때문이다. 기계가 이런 기능을 수행할 수 없는 것은 아니다. 여기서 중요한 사실은 인건비가 기계를 사용하는 비용보다 낮다는 단순한 사실이다. 하지만 결국은 기계가 이 모든 일을 떠맡게 되는 것은 거의 불가피할 것으로 보인다. 일의 보람이나 불행을 판단하는 것은 이 책의 목적이 아니다. 우리는 17세기 유럽에서 노예들이 부당하게 착취당하고, 광산 갱도에서 노동자들이 공포를 견디며 노동했다는 것을 잘 알고 있다. 오늘날 공장 노동자는 작업 때문에 생명의 위협을 받지는 않는다. 단지 지루할 뿐이다. 하지만 살아남는 것만으로 충분할까? 데이비드 봄은 이렇게 말했다. "생존을 삶의 최고 가치로 여기는 사회는 이미 집단적 부패로 치닫고 있는 사회다. 기능은 그 궁극적 목표가 모든 사람에게서 아름다운, 조화, 창조적인 삶이 구현되는 것이 될 때만 의미가 있다."

38 오늘날 발명가들과 디자이너들은 새로운 공예품을 창조하고, 오래된 것들을 개선하고 변화시킨다. 그들은 완제품을 시장에 내놓음으로써 소비자들을 창조적인 제작 과정에서 완전히 배제한다고 할 수 있다. 설계자들이 자동차 완제품이 아니라 모터, 변속기, 섀시, 차체, 범퍼, 펜더, 심지어 조립 시스템까지 설계해야 한다고 상상해 보자. 이런 구성 요소들 또는 구성 요소들의 조합들이 서로 교환 가능하고 무제한적인 조립에 사용되도록 만들어졌다고 가정해 보자. 그렇게 된다면 자동차 구매자는 카탈로그를 검토해 엔진의 크기, 유형 및 동력, 변속기, 시트, 헤드라이트 등 원하는 조합만 선택할 수 있을 것이다. 게다가 그렇게 되면 독점을 방지할 수 있고, 제작의 분산이 장려되어 지역 기반 소규모 제작자 수천 명이 공개 시장에서 경쟁할 수 있게 될 것이다. 또 사용자에 맞춰진 고도로 개별화된 제품

이 대거 등장하게 될 것이다.

　이 시스템의 핵심은 무한한 변이 가능성과 호환성을 가능하게 하는 표준화에 있다. 이 시스템이 도입되면 소비자는 모든 제작 과정에 창의적으로 참여하게 될 것이다. 또 구매자는 제품의 일부만 선택할 수 있게 된다. 다양한 제품을 위한 다수의 지역 조립품이 등장할 것이다. 이 시스템은 우리에게 근본적인 변화를 일으킬 것이다. 개인은 다시 창의적인 선택권을 가지게 되고, 다시 제너럴리스트가 될 것이다. 그러면서도 개인은 원재료로 직접 제품을 만들지 않고 이미 만들어진 부품들을 조립해 새로운 제품을 만들 수 있게 될 것이다.

39 이 인용문은 다시 톰프슨의 말을 풀어 쓴 것이다.

40 D'Arcy Thompson, *On Growth and Terms*, Vol. I(Cambridge: Cambridge University Press, 1959) p. 13에서 인용.

41 인간처럼 복잡한 유기체의 성장 패턴은 상상할 수 없을 정도로 놀랍다. 상대적으로 변하지 않는 형태를 유지하기 위해 이루어져야 하는 모든 일을 고려할 때 사람의 모습이 지금처럼 변하지 않고 그대로 유지된다는 것은 놀라운 일이다. 사람의 신체는 모든 부분이 지속적으로 교체되고 있으며, 사람의 신체 내에서는 불완전한 확장이 계속 일어나고 있기 때문이다. 몸통, 팔다리, 손가락, 발가락, 머리카락, 손톱, 귀 등은 모두 다른 속도로 자란다. 폐, 장, 간, 기공, 세포는 모두 기능과 수명이 다르다. 이런 특화는 평지, 숲, 산에서 행진하는 수십억 군인들의 움직임을 조화시키는 것만큼 어려운 일이다.

42 이론생물학자, 수학자, 물리학자, 화학자들은 패턴, 리듬, 형태(생물체와 무생물 모두)를 비교해 공통점을 찾기 시작했다. 규칙적인 형태, 구체, 정육면체 등의 표면은 음파, 진동 또는 기타 진동에 의해 예측 가능한 표면 패턴으로 변형되는 것으로 밝혀졌다. 이와는 반대로, 금속판에 놓은 액체나 마른 가루를 진동시키는 실험이 수없이 진행되기도 했다. 진동은 가루가 패턴을 형성하게 만든다. 이렇게 형성된 것은 클라드니 도형(CHLADNI figure)이라 불리는데, 패턴 예측이 가능할 뿐 아니라 생물체와 비슷한 움직임을 보이기도 한다.

　이런 형태들이 어떻게 그리고 왜 형성되는지에 대한 논의는 이 책의 범위를 벗어난다. 하지만 이론과학자들은 점점 더 그 유사성이 우연을 넘어선다는 주장을 강화하고 있다. (참고문헌 목록의 Cymatics 참고.)

43 Heinrich Hertel, *Structure, Form and Movement*(New York: Reinhold Publishing Cor-poration, 1966), p . 124에서 인용.

44 생물체의 피부는 실제로 움직임에 맞게 변형된다. 물에서 움직이는 돌고래의 피부가 전형적인 예다. 돌고래는 피부를 변형시켜 물의 저항을 줄인다.

    선체 설계는 유조선의 뱃머리 부분 중 물에 잠기는 부분을 구 형태로 만들어 물의 저항을 줄인다는 새로운 개념에 따라 개선되었다.

45 자연에서 유일하게 알려진 진정한 회전운동은 페라네마(peranema, 폭 10~20마이크로미터, 길이 40~70마이크로미터 정도의 식물성 편모충의 일종—옮긴이)라는 미세한 생물에서만 발견된다. 최근까지는 꼬리 모양의 편모가 앞뒤로 움직이는 것으로 생각되었지만, 새로운 연구에 따르면 실제로 이 동물의 몸 안에 있는 작은 구멍에서 연속적인 회전운동이 발생한다. 이 글을 쓴 시점에는 이 회전운동의 메커니즘이 밝혀지지 않았다.

1 형태와 물질

Bierlein, John C. "The Journal Bearing," *Scientific American*, (July 1975) Vol. 233, No. 1, p. 50.

Cameron, A. *Basic Lubrication Theory*. London: Longman Press, 1971.

Gamow, George. *One, Two, Three, Infinity, Facts and Speculations of Science*. New York: The New American Library, 1947.

Hansen, Jans Jurgen (ed.). *Architecture in Wood*, trans. Janet Seligman. New York: Viking Press, 1971.

Hitchcock, H. *In the Nature of Materials*. New York: Sloan, 1942.

Hoffman, Branesh. *The Strange Story of the Quantum*. New York: Dover Publications, Inc., 1958.

Hsiung Li, Wen, and Lai Lam Sau. *Principles of Fluid Mechanics*. Reading, Massachusetts: Addison-Wesley Publishing Co., Inc., 1964.

Landon, J. W. *Examples in the Theory of Structure*. London: Cambridge University Press, 1932.

Wulff, John (ed.). *The Structure and Properties of Materials* (4 Vols.). New York: John

Wiley and Sons, Inc., 1966.

2 구조

Beresford, Evans J. *Form in Engineering Design*. London: Oxford, The Clarendon Press, 1954.

Goss, Charles Mayo (ed.) *Gray's Anatomy*. Philadelphia: Lea and Febiger, 1959.

Gray, J. "Studies in Animal Locomotion, The Propulsive Powers of the Dolphin", *The Journal of Experimental Biology*. Vol. 13, No. 2 (1936), pp. 192-199.

Griffin, Donald R. et. al. *Readings from Scientific American, Animal Engineering*. San Francisco: W. H. Freeman and Co., 1974.

Hammond, Rolt. *The Forth Bridge and Its Builders*. Covent Gardens, England: Eyre and Spottiswoode Ltd., 1964.

Lawrence, J. Fogel. *Biotechnology: Concepts and Applications*. Englewood Cliffs, Prentice Hall, 1963.

Museum of Modern Art, The. *The Architecture of Bridges*. New York: The Museum of Modern Art, 1949.

Nervi, Pier Luigi. *Structures and Designs*, trans. Giuseppina and Mario Salvadori. New York: McGraw-Hill, 1956.

Roland, Conrad. *Frei Otto: Structures*. London: Longman Press, 1970.

Salvadori, M. and R. Heller. *Structure in Architecture*. New Jersey: Englewood Cliffs: Prentice Hall, Inc., 1965.

Seigel, Curt. *Structure and Form in Modern Architecture*. New York: Reinhold Publishing Corporation, 1962.

Torroja, E. *Philosophy of Structures*. Berkeley: University of California Press, 1958.

Whitney, Charles S. *Bridges, a Study of Their Art, Science and Evolution*. New York: Rudge, 1929.

3 크기

Bland, John. *Forests of Lilliput: The Realm of Mosses and Lichens.* New Jersey, Englewood Cliffs: Printice Hall, 1971.

Conel, J. LeRoy. *Life as Revealed by the Microscope, an Interpretation of Evolution.* New York: Philosophical Library, 1969.

Curtis, Helena. *The Marvelous Animals.* Garden City, New York: Natural History Press, 1968.

Gluck, Irvin. *Optics.* New York: Holt, Rinehart and Winston, Inc., 1964.

Soleri, Paolo. *Sketchbook of Paolo Soleri.* Cambridge, Mass.: M.I.T. Press, 1971.

4 기능

Doblin, Jay. *One Hundred Great Product Designs.* New York: Van Nostrand Reinhold Co., 1970.

Greenough, Horatio. *Form and Function.* Berkeley, California: University of California Press, 1957.

Pye, David. *The Nature of Design.* New York: Reinhold Publishing Corporation, 1964.

Rand, Paul. *Thoughts on Design.* New York: Van Nostrand Reinhold Co., 1970.

Royce, Joseph. *Surface Anatomy.* Philadelphia: F. A. Davis Co., 1973.

5 세대와 과거의 영향

Barnett, Homer G. "Personal Conflicts and Cultural Change," *Social Force*, Vol. 20, (Dec. 1941), pp. 160-171.

Derry, T., and Trevor I. Williams. *A Short History of Technology.* New York: Oxford University Press, 1961.

Goodman, W. L. *The History of Woodworking Tools.* New York: David McKay Co., Inc., 1964.

Gould, Stephen Jay. *The Panda's Thumb.* New York: W. W. Norton and Co., 1980.

King, Franklin Hiram. *Farmers of Forty Centuries.* Emmaus, PA: Rodale Press, 1973.

Oakley, Kenneth P. *Man the Tool Maker,* 3rd ed. Chicago, IL: University of Chicago Press, 1964.

Sagan, Carl. *The Dragons of Eden.* New York: Random House, 1977.

Soulard, Robert. *A History of the Machine.* New York: Hawthorn Books, Inc., 1963.

Usher, A. P. *A History of Mechanical Inventions.* Cambridge: Harvard University Press, 1954.

6 환경

Ballentyne, D. and D. R. Lovell. *A Dictionary of Named Effects and Laws in Chemistry, Physics, and Mathematics.* London: Chapman & Hall, 1920.

Ferebee, Ann. *A History of Design From the Victorian Era to the Present.* New York: Van Nostrand Reinhold Co., 1970.

Reynolds, John. *Windmills and Watermills.* New York: Praeger, 1970.

Rudofski, Bernard. *Architecture Without Architects.* New York: Doubleday, 1964.

Spicer, E. H. *Human Problems in Technological Change.* New York: Russell Sage Foundation, 1952.

7 통일과 유사성

Bager, Bertel. *Nature as Designer,* trans. Albert Read. New York: Van Nostrand Reinhold Co., 1966.

Bates, Marston. *The Forest and the Sea, the Economy of Nature and Man.* New York: Vintage Books, 1960.

Feininger, A. *Anatomy of Nature.* New York: Crown, 1956.

Honda, Hisao, and Jack B. Fisher. "Tree Branch Angle: Maximizing Effective Leaf Area," *Science Magazine* (24 February 1978), Vol. 199, pp. 888-890.

Huntley, H. E. *The Divine Proportion.* New York: Dover Publications, 1970.

Jenny, Hans. *Cymatics*. Basel: Basilius Presse, 1967.

McMahon, Thomas. "The Mechanical Design of Trees," *Scientific American*, (July 1975), Vol. 233, No. 1, pp. 92.

Noble, J. *Purposive Evolution*. New York: Henry Holt Co., 1926.

Ritchie, J. *Design in Nature*. New YorkL Scribners, 1937.

Schneer, C. J. *Search For Order*. New York: Harper, 1960.

Schwenk, Theodor. *Sensitive Chaos*. London: Rudolf Steiner Press, 1965.

Sinnott, Edmund W. *The Problems of Organic Form*. New Haven, Conn.: Yale University Press, 1963.

Stevens, Peters. *Patterns in Nature*. Boston: Little Brown and Co., 1947.

Strache, W. *Forms and Patterns in Nature*. New York: Pantheon, 1956.

Weizsacker, C. F. *The History of Nature*. Chicago: Phoenix, 1949.

Weyl, Hermann. *Symmetry*. Princeton: Princeton University Press, 1952.

8 우연과 비합리성

Baum, Robert J. *Philosophy and Mathematics*. San Francisco: Freeman, Cooper and Co.

King, Amy, and Cecil Read. *Pathways to Probability*. New York: Holt, Reinhart and Winston, 1965.

Mandelbrot, Benolt B. *Fractals, Form, Chance, and Dimension*. San Francisco: W. H. Freeman and Co., 1977.

Spaulding, Gleasson. *A World of Chance*. New York: MacMillian and Co.

Young, Norwood. *Fortuna, Chance and Design*. New York: E. P. Dutton and Co., 1928.

Schopf, Thomas M. (ed.). *Models in Paleobiology*. San Francisco: Freeman, Cooper, and Co., 1972.

복수의 장에서 참고한 문헌

Beebe, C. W. *The Bird, Its Form and Function.* New York: Henry Holt and Co., 1906. (2, 7)

Borrego, John. *Space Grids Structures.* Cambridge, Mass: The M.I.T. Press, 1968. (2, 7)

Boys, C. V. *Soap Bubbles.* New York: Dover Pub., Inc., 1959. (2, 7)

Critchlow, Keith. *Order in Space.* New York: The Viking Press, 1969. (2, 7)

Giedion, Siegfried. *Mechanization Takes Command.* New York: Oxford University Press, 1948. (4, 5, 6)

Herkimer, Herbert. *The Engineers Illustrated Thesaurus.* New YorkL Chemical Pub., Co., 1980.

Hertel, Heinrich. *Structure, Form, Movement.* New York: Reinhold Publishing Corporation, 1966. (2, 7)

Klem, N. *A History of Western Technology.* New York: Charles Scribners, 1959. (4, 5, 6)

Leakey, Richard E., and Rodger Lewin. *Origins.* New York: E. P. Dutton, 1978. (4, 5)

McHale, John. *R. Buckminster Fuller.* New York: George Braziller, 1962. (2, 7)

McKim, Robert, *Experiences in Visual Thinking.*, (2nd Edition). Monterey, California: Brooks/Cole Pub. Co., 1980. (4, 5)

McLoughlin, John C. *Synapsida.* New York: The Viking Press, 1980. (2, 7)

Mumford, Lewis. *Technics and Civilization.* New York: Harcourt, Brace, 1934. (4, 5, 6)

Mumford, Lewis. *The Pentagon of Power.* New York: Harcourt, Brace, Jovanovich Inc., 1970. (4, 5)

Mumford, Lewis. *Art and Technics.* New York: Columbia University Press, 1952. (4, 5, 6)

Phillips, F. C. *An Introduction to Crystallography*, (3rd Edition). Glasgow: The University of Glasgow Press, 1963. (7, 2)

Sloane, Eric. *A Museum of Early American Tools.* New York: Wilfred Funk Inc., 1963. (5, 6)

Storer, Tracy, Robert Stebbins, Robert Usinger, and James Nybakken. *General Zoology*, (5th Edition), New York: McGraw Hill Book Co., 1957. (5, 7)

Usher, Abbot Payson. *A History of Mechanical Inventions.* Cambridge: Harvard University Press, 1954. (5, 6)

Williams, Christopher. *Craftsmen of Necessity.* New York: Random House Pub. Inc., 1974. (4, 5)

Wilson, Mitchell. *American Science and Invention.* New York: Simon and Schuster, 1954. (4, 5)

Wilson, Mitchell. *American Science and Invention, A Pictorial History.* New York: Simon and Schuster, 1954. (5, 6)

Wolf, Abraham. *A History of Science, Technology, and Philosophy*, (2 Vols.). New York: MacMillian Inc., 1932. (5, 6)

Wood, Donald G. *Space Enclosures Systems, The Variables of Packing Cell Design.* Bulletin 205, Columbus, Ohio: Engineering Experiment Station, Ohio State. (2, 7)

종합

Alexander, Christopher. *Notes on the Synthesis of Form.* Cambridge: Harvard University Press, 1964.

Banham, Reyner. *Theory and Design in the First Machine Age.* New York: Praeger, 1960.

Carrington, Noel. *Design and Changing Civilization*, 2nd Ed. London: John Lane the Bodley Head Ltd., 1935.

Carrington, Noel. *The Shape of Things.* London: William Clowes and Sons Ltd., 1939.

Collier, Graham. *Form, Space, and Vision.* New York: Prentice Hall, 1963.

Fry, Roger. *Vision and Design.* New York: Coward-McCann, 1940.

Fuller, R. Buckminster. *Synergetics.* New York: MacMillan Pub. Co., 1975.

Giedion, Siegfried. *Space, Time, and Architecture.* Boston: Harvard University Press, 1949.

Kepes, Gyorgy. *Language of Vision.* Chicago: Paul Theobald, 1949.

Kepes, Gyorgy. *The New Landscape.* Chicago: Paul Theobald, 1956.

Lethaby, William R. *Architecture, Nature and Magic.* New York: George Braziller, 1956.

Lethaby, William R. *Form in Civilization.* London: Oxford University Press, 1957.

McHarg, Ian. *Design With Nature.* Garden City, N.Y.: Published for the American Museum of Natural History, National History Press, 1969.

Portola Institute Inc. *Whole Earth Catalogue.* Menlo Park, California: Random House, New York; Distributor, 1971.

Schmidt, George, and Robert Schenck. *Form In Art and Nature.* Bassel: Basilius Presse, 1960.

Singer, Charles, (ed.), E. J. Holmyard, and A. R. Hall. *A History of Technology*, 5 Vols. London: Oxford University Press, 1956.

Thompson, Sir D'Arcy Wentworth. *On Growth and Form*, 2 Vols. Cambridge: Cambridge University Press, 1959.

Waddington, C. H., (ed.). *Towards A Theoretical Biology*, (Vol. 2). Edinburgh: Edinburgh University Press, 1969.

Wedd, Dunkin. *Pattern and Texture.* New York: Studio Books, Ltd., 1956.

Whyte, Lancelot Law. *Accent on Form.* New York: Harper, 1954.

Whyte, Lancelot Law. *Aspects of Form.* London: Lund Humphries, Ltd., 1951.

Wingler, Hans. *The Bauhaus.* ed. Joseph Stein, trans. Wolfgang Jubs and Basil Gilbert. Cambridge, Mass.: The M.I.T. Press, 1969.

Zwicky, Fritz. *Discovery, Invention, Research Through the Morphological Approach.* New York: MacMillan, 1969.

크리스토퍼 윌리엄스 Christopher Williams

뉴욕 프랫 인스티튜트를 졸업한 뒤 독일 하이델베르크 대학교를 거쳐 안티오크 대학교에서 디자인 이론으로 박사 학위를 받았다. 디자인 이론에 관한 다양한 집필과 강연을 해왔으며, UCLA, 클리블랜드 아트 인스티튜트, 코넬 대학교, 캐나다 앨버타 대학교에서 디자인과 건축을 가르쳤다. 지은 책으로 《필요의 장인Craftsmen of Necessity》이 있다.

옮긴이 고현석

《경향신문》, 《서울신문》 등에서 기자로 활동하며 과학과 IT의 최신 정보를 한국 독자들에게 전했다. 지금은 인문·자연과학 분야의 도서를 우리말로 옮기고 있다. 연세대학교 생화학과를 졸업했으며, 번역한 책으로 《의자의 배신》, 《보이스》, 《측정의 과학》, 《느낌의 진화》, 《세상을 이해하는 아름다운 수학 공식》 등이 있다.

형태의 기원

자연 그리고 인간이 만든 모양의 탄생과 진화

초판 1쇄 발행 | 2023년 4월 10일
초판 2쇄 발행 | 2023년 6월 26일

지은이 | 크리스토퍼 윌리엄스
옮긴이 | 고현석

펴낸이 | 한성근
펴낸곳 | 이데아
출판등록 | 2014년 10월 15일 제2015-000133호
주   소 | 서울 마포구 월드컵로28길 6, 3층 (성산동)
전자우편 | idea_book@naver.com
페이스북 | facebook.com/idea.libri
전화번호 | 070-4208-7212
팩   스 | 050-5320-7212

ISBN 979-11-89143-42-8 (03400)